计算机基础与应用实验指导

主　编　王颖娜　侯俊松　杨文静

副主编　龙　飞　唐玮嘉　王晓旭

U0232136

北京理工大学出版社

BEIJING INSTITUTE OF TECHNOLOGY PRESS

内 容 简 介

本书是《计算机基础与应用》配套的实验指导用书。本书的实验与教材紧密结合，同时又对教材内容进行了整合。全书主要分为两篇：实践篇和习题篇。其中，实践篇主要根据教学内容及要求所编排的案例型实验进行训练，并配有一定的操作步骤及部分操作提示，使学生在学习理论知识的同时进一步提高其操作与应用能力；习题篇主要以理论知识为基础，通过选择、填空等题型来强化学生对计算机理论知识的认知能力。

图书在版编目（CIP）数据

计算机基础与应用实验指导 / 王颖娜，侯俊松，杨文静主编. --北京：北京理工大学出版社，2022.6

ISBN 978-7-5763-1369-7

Ⅰ.①计…　Ⅱ.①王…　②侯…　③杨…　Ⅲ.①电子计算机-高等学校-教材　Ⅳ.①TP3

中国版本图书馆 CIP 数据核字（2022）第 096581 号

出版发行 / 北京理工大学出版社有限责任公司
社　　址 / 北京市海淀区中关村南大街 5 号
邮　　编 / 100081
电　　话 / (010) 68914775（总编室）
　　　　　 (010) 82562903（教材售后服务热线）
　　　　　 (010) 68944723（其他图书服务热线）
网　　址 / http://www.bitpress.com.cn
经　　销 / 全国各地新华书店
印　　刷 / 北京国马印刷厂
开　　本 / 787 毫米×1092 毫米　1/16
印　　张 / 9.5
字　　数 / 230 千字
版　　次 / 2022 年 6 月第 1 版　2022 年 6 月第 1 次印刷
定　　价 / 64.00 元

责任编辑 / 江　立
文案编辑 / 李　硕
责任校对 / 刘亚男
责任印制 / 李志强

前　　言

随着计算机技术的迅速发展，计算机在工作、学习及社会与经济发展中的地位日益重要。在培养高素质专业人才方面，计算机知识与应用能力是极其重要的组成部分。本书根据普通高等学校非计算机专业对计算机知识的基本要求、教育部全国计算机等级考试基础内容，由多年在教学一线从事计算机基础系列课程教学的教师团队编写。

本书内容主要分为两篇，第一篇是实践篇，第二篇是习题篇。

实践篇主要以 Windows 10 和 Microsoft Office 2016 为背景，包含了 Windows 10 操作系统、文字处理软件 Word 2016、电子表格软件 Excel 2016、演示文稿软件 PowerPoint 2016、计算机网络等内容的实践练习。全篇分为 5 章，共 17 个实验。每个实验由实验目的和实验步骤构成，且选择的都是与生活息息相关的典型案例，使学生在学习理论知识的同时能与实际操作相结合，提高学生的实践动手能力。

习题篇主要是以计算机基础知识为支撑，全篇分为 12 章，与《计算机基础与应用》的各章节内容配套，题目类型主要为选择题和填空题，并附有参考答案，方便学生自测练习。

本书结构合理、内容选材丰富、可操作性强，同时注重基础训练和高级应用能力的培养，具有实用性。本书可作为高等院校计算机基础课程的上机辅导教材，也可供各类计算机培训及自学者使用。

本书第 1、8 章由唐玮嘉编写，第 2、10、12、17 章由王颖娜编写；第 3、11 章由杨文静编写；第 4、13 章由王晓旭编写；第 5、6、9、16 章由侯俊松编写；第 7、14、15 章由龙飞编写。全书由王颖娜、侯俊松、杨文静担任主编。本书的编写得到了云南大学滇池学院各级领导及同仁的关心和大力支持，在此表示深深的感谢!

由于编者水平有限，书中难免存在不足之处，恳请读者批评指正。我们的联系邮箱为 yingnawang2022@ 163. com。

编者

2022 年 3 月

目　　录

第一篇　实践篇

第二篇　习题篇

第一篇

实践篇

ONE

第1章

Windows 10 操作系统实验

实验一 Windows 10 操作系统的基础操作

一、实验目的

（1）掌握个性化、输入法、任务栏等设置的方法。

（2）掌握查看相关系统信息的方法。

（3）掌握程序管理的方法。

二、实验步骤

1. 个性化设置

（1）设置主题为“鲜花”，并将背景图片的切换频率设置为 10 分钟，颜色设置为黄金色，光标设置为“Windows 标准（大）（系统方案）”。

【提示】

单击“开始”菜单中的“设置”按钮，在“设置”窗口中单击“个性化”图标，在打开的“个性化”设置窗口中，选择“主题”分类。

（2）下载一幅图片保存至计算机，并将该图片作为桌面背景。

（3）将主题颜色设置为深蓝色。

（4）在桌面显示“此电脑”“用户的文件”“控制面板”“网络”图标，隐藏“回收站”图标，并更改“此电脑”的图标。

【提示】

在“个性化”设置窗口中选择“主题”分类下的“桌面图标设置”选项。

（5）设置屏幕保护程序为“照片”，幻灯片放映速度为“慢速”。

【提示】

在“个性化”设置窗口中，选择“锁屏界面”分类下的“屏幕保护程序设置”选项。

（6）设置在屏幕顶部显示任务栏；在桌面模式下自动隐藏任务栏；在通知区域不显示“网络”图标。

【提示】

在“个性化”设置窗口中，选择“任务栏”分栏。

（7）将“计算器”“画图”和“记事本”3个应用程序固定到“开始”菜单。

（8）为Word、Excel和PowerPoint 3个应用程序创建桌面快捷方式并将其固定到任务栏。

2. 创建虚拟桌面

（1）创建两个虚拟桌面。

（2）为两个虚拟桌面重命名。

3. 查看并记录显示信息。

（1）屏幕的显示分辨率为__________。

（2）屏幕的显示方向为__________。

（3）文本、应用等项目的大小比例为__________，并更改其比例为125%。

【提示】

在“设置”窗口中，单击“系统”图标，在打开的“系统”对话框中，选择“显示”分类。

4. 输入法设置

（1）添加“微软五笔”输入法。

（2）设置“微软拼音”为默认输入法。

【提示】

在“设置”窗口中，单击“时间和语言”图标，在打开的“时间和语言”对话框中，选择“语言”分类。

5. 查看并记录系统信息

（1）计算机的名称为__________。

（2）CPU型号为__________。

（3）内存容量为__________。

（4）操作系统版本为__________。

（5）工作组为__________。

【提示】

在“控制面板”列表视图中，单击“系统”图标。

6. 用户账户管理

（1）创建一个 TestUser1 标准账户，并将自己的学号设置为密码。

（2）切换到 TestUser1 账户，并登录系统。

（3）注册一个 Microsoft 账户，并登录系统。

7. 任务管理器的使用

启动“计算器”“画图”和“记事本”3 个应用程序，打开任务管理器记录以下信息。

（1）CPU 的利用率为__________。

（2）内存的使用率为__________。

（3）磁盘的利用率为__________。

（4）当前系统的进程数为__________，线程数为__________。

【提示】

在“任务栏”空白处右击，在弹出的快捷菜单中，选择“任务管理器”命令。

8. 程序的安装与卸载

（1）下载“搜狗拼音”输入法并进行安装。

（2）卸载“搜狗拼音”。

实验二　文件、磁盘和设备管理

一、实验目的

（1）掌握文件和文件夹的管理方法。

（2）掌握磁盘管理的方法。

（3）掌握设备管理的方法。

二、实验步骤

1. 文件和文件夹的新建

创建如图 1-1 所示的文件夹结构。

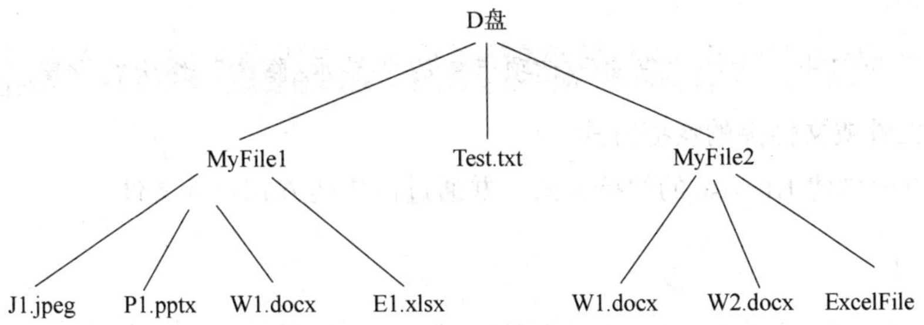

图 1-1　文件夹结构

2. 复制、移动文件或文件夹

（1）将 W2. docx、Test. txt 复制到 MyFile1 文件夹中。

（2）将 ExcelFile 文件夹移动到 MyFile1 文件夹中。

3. 删除、恢复文件或文件夹

（1）删除 MyFile2 文件夹中的 W1. docx。

（2）恢复删除的 W1. docx。

（3）永久删除 D 盘根目录下的 Test. txt。

【提示】

永久删除使用组合键〈Shift+Delete〉。

4. 设置文件夹属性

（1）将 MyFile1 文件夹中 W1. docx 的属性设置为只读，打开该文档输入“计算机基础”后保存，并确认是否能输入成功。

（2）将 MyFile2 文件夹中 ExcelFile 文件夹的属性设置为隐藏。

5. 浏览文件及文件夹

打开 MyFile1 文件夹。

（1）分别用小图标、列表、详细信息等方式浏览。

【提示】

在文件夹窗口中，选择“查看”选项卡中的“布局”组进行设置。

（2）分别按名称、修改日期、类型等方式进行排序。

【提示】

在文件夹窗口中，选择“查看”选项卡中的“当前视图”组进行设置。

6. 设置文件夹选项

（1）隐藏或显示文件的扩展名。

（2）显示隐藏的文件、文件夹。

【提示】

在文件夹窗口中，选择“查看”选项卡中的“显示/隐藏”组进行设置。

7. 创建文件或文件夹的快捷方式

（1）在桌面创建 E1. xlsx 的快捷方式，并通过该快捷方式打开文件。

【提示】

右击 E1. xlsx 图标，在弹出的快捷菜单中选择“发送到”→“桌面快捷方式”命令即可。

(2) 删除 MyFile1 中的 E1. xlsx，再次通过桌面的 E1. xlsx 快捷方式打开文件，并确认是否能打开。

8. 搜索文件或文件夹

(1) 在 D 盘中查找扩展名为“. docx”的所有文件，并统计文件个数。

【提示】

打开 D 盘，在搜索栏内输入“＊. docx”。“＊”表示任意多个字符。

(2) 在上述搜索结果中查找今天修改过的文件或文件夹。

【提示】

在“搜索工具—搜索”选项卡的“优化”组中，单击“修改日期”按钮，在下拉列表中选择“今天”命令。

9. 查看磁盘信息并记录

(1) 当前计算机有________个硬盘驱动器，编号分别为__________，容量大小分别为__________，配置类型分别为__________。

(2) 根据第一个硬盘驱动器，记录信息并填入表 1-1 中。

表 1-1　硬盘驱动器信息

<table>
<tr><th colspan="2">存储器</th><th>盘符</th><th>文件系统类型</th><th>容量</th></tr>
<tr><td rowspan="7">磁盘 0</td><td>主分区 1</td><td></td><td></td><td></td></tr>
<tr><td>主分区 2</td><td></td><td></td><td></td></tr>
<tr><td>主分区 3</td><td></td><td></td><td></td></tr>
<tr><td rowspan="4">扩展分区</td><td></td><td></td><td></td></tr>
<tr><td></td><td></td><td></td></tr>
<tr><td></td><td></td><td></td></tr>
<tr><td></td><td></td><td></td></tr>
</table>

【提示】

在“控制面板”列表视图中单击“管理工具”图标，在“管理工具”窗口中双击“计算机管理”图标，并在“计算机管理”窗口中选择“磁盘管理”选项。

(3) 格式化 U 盘。将 U 盘中的所有文件和文件夹复制到硬盘，然后进行格式化。

(4) 磁盘碎片整理。对 C 盘进行磁盘碎片整理，并将整理频率设置为每周一次。

【提示】

在“开始”菜单所有程序列表中的“Windows 管理工具”下，单击“碎片整理和优化驱动器”按钮。

（5）磁盘清理。对 C 盘进行磁盘清理，并记录以下信息。

①已下载的程序文件为________________________。

②Internet 临时文件为________________________。

③回收站为________________________。

④临时文件为________________________。

【提示】

在“开始”菜单所有程序列表中的“Windows 管理工具”下，单击“磁盘清理”按钮。

10. 打开设备管理器，并记录以下信息

（1）CPU 主频为________________________。

（2）网络适配器型号为________________________。

（3）显示适配器型号为________________________。

（4）当前是否有设备存在问题：________________________。

第 2 章

文字处理软件 Word 2016 操作实验

实验一　文档的基本操作和排版

一、实验目的

（1）熟悉 Word 2016 的操作界面。

（2）掌握 Word 2016 文档的建立、保存、关闭和打开的方法。

（3）掌握字符排版，包括字体、字号、字形、文本效果、查找与替换等操作。

（4）掌握段落排版，包括段落的对齐方式、缩进、段落间距、行距、项目符号、边框和底纹、样式等操作。

（5）掌握页面排版，包括页边距、分栏、水印、页面背景等操作。

二、实验步骤

1. 熟悉操作界面

打开 Word 2016 操作界面，熟悉各个选项卡及其对应功能区中的按钮。

2. 打开文档

打开实验素材文档“中国航天事业 . docx”，排版示例如图 2-1 所示。

3. 标题设置

为正文添加标题“中国航天事业”，应用“标题 1”样式，对齐方式设置为“分散对齐”。文本效果设置为“填充-白色，轮廓-着色 2，清晰阴影-着色 2”，并设置映像为“半映像，4 pt 偏移量”，发光为“橙色，8 pt 发光，个性色 2”。

【提示】

（1）将光标定位于标题中，在“开始”选项卡的“样式”组中选择“标题 1”样式。

（2）选中标题，在“开始”选项卡的“字体”组中，单击“文本效果”按钮进行设置。

中　国　航　天　事　业

中华人民共和国的航天事业起始于1956年。中国于1970年4月24日发射第一颗人造地球卫星，是继苏联、美国、法国、日本之后世界上第5个能独立发射人造卫星的国家。

中国发展航天事业的宗旨是：

- 探索外太空，扩展对地球和宇宙的认识；
- 和平利用外太空，促进人类文明和社会进步，造福全人类；
- 满足经济建设、科技发展、国家安全和社会进步等方面的需求；
- 提高全民科学素质，维护国家权益，增强综合国力。

中国发展航天事业贯彻国家科技事业发展的指导方针，即自主创新、重点跨越、支撑发展、引领未来。

北京时间2021年10月16日0时23分，搭载神舟十三号载人飞船的长征二号F遥十三运载火箭，在酒泉卫星发射中心按照预定时间精准点火发射，约582秒后，神舟十三号载人飞船与火箭成功分离，进入预定轨道，顺利将翟志刚、王亚平、叶光富3名航天员送入太空，飞行乘组状态良好，发射取得圆满成功。

图 2-1　实验一排版示例

4. 正文格式设置

将正文的中文字体设置为“楷体”，西文字体设置为“Times New Roman”，字号设置为“小四”；段落首行缩进两个字符，段前、段后 0.5 行，行距为 1.5 倍行距。

【提示】

（1）选中正文段落，单击“开始”选项卡的“字体”组右下角的“对话框启动器”按钮，打开“字体”对话框进行设置，如图 2-2 所示。

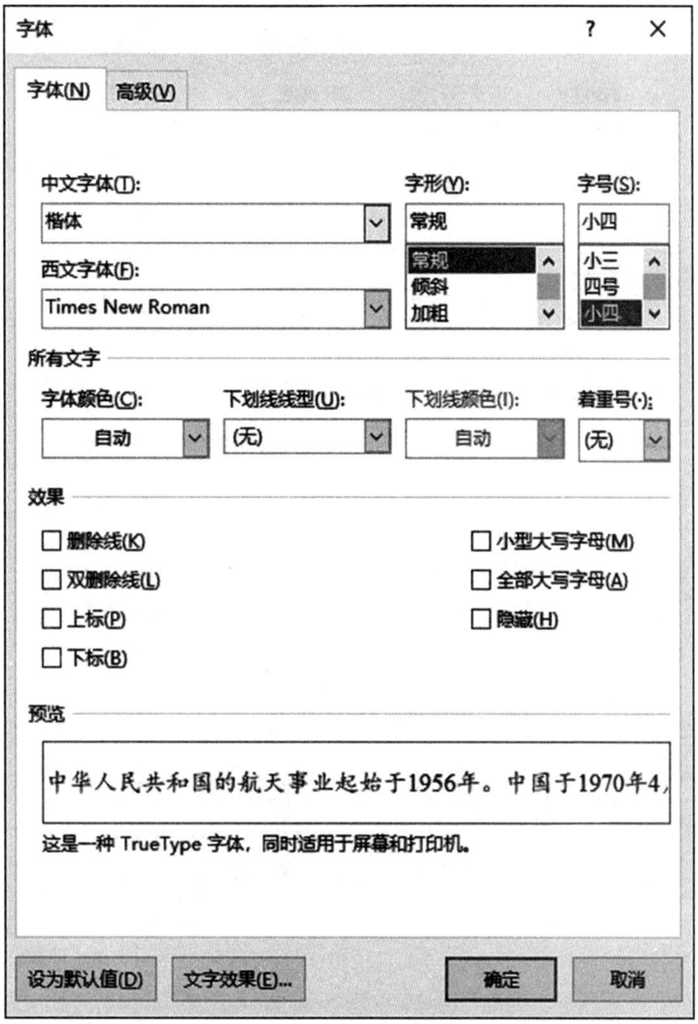

图 2-2　“字体”对话框

（2）单击“开始”选项卡的“段落”组右下角的“对话框启动器”按钮，打开“段落”对话框进行设置，如图 2-3 所示。

5. 查找与替换

将正文中的所有数字设置为“Arial Black”字体，字体颜色为蓝色，并加着重号。

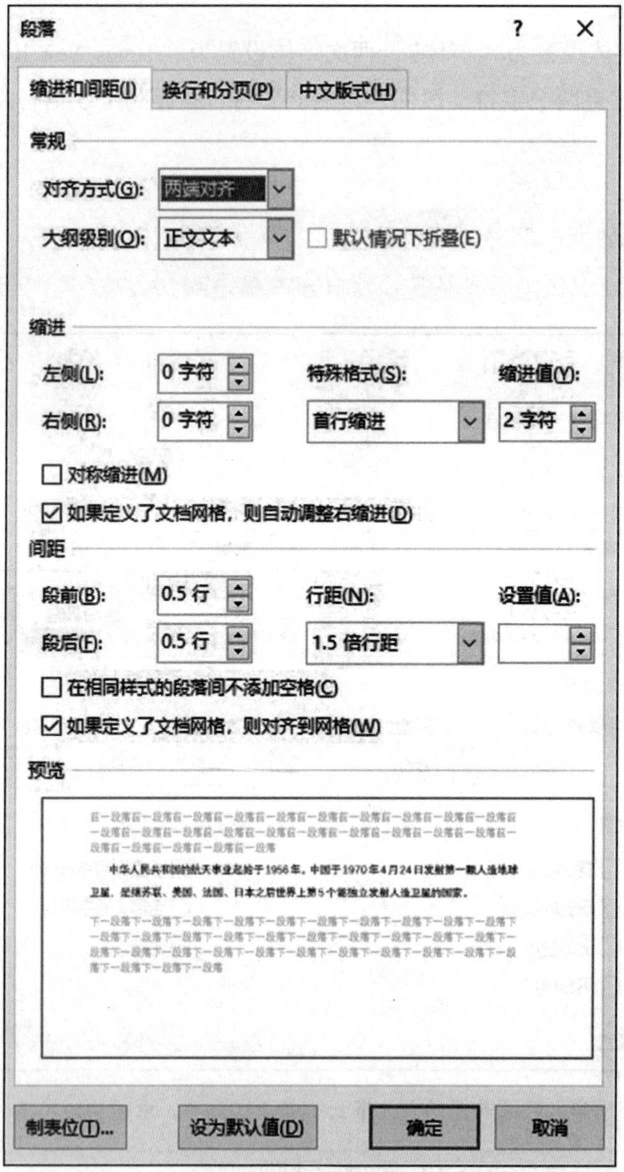

图 2-3 “段落”对话框

【提示】

在“开始”选项卡的“编辑”组中单击“替换”按钮，弹出“查找和替换”对话框，切换至“替换”选项卡，将光标定位于“查找内容”文本框中，单击左下角“更多”→“特殊格式”→“任意数字”按钮，此时“查找内容”文本框中显示“^#”。再将光标定位于“替换为”文本框中，单击“格式”→“字体”按钮，在“字体”对话框中将“西文字体”设置为“Arial Black”字体，字体颜色选择“蓝色”，着重号选择“点”，如图 2-4 所示。

6. 项目符号

将正文第二段按样张分段，并加上“✪”项目符号。

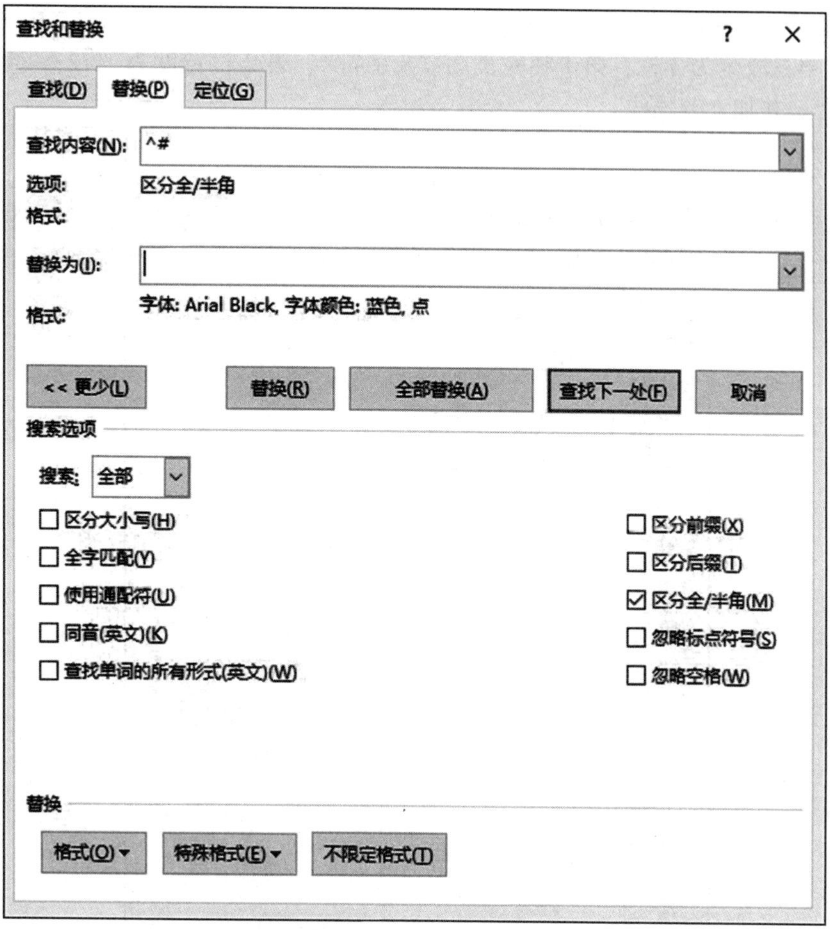

图 2-4 “查找和替换”对话框

【提示】

在“开始”选项卡的“段落”组中单击“项目符号”按钮，在下拉列表中选择“定义新项目符号”命令，在打开的“定义新项目符号”对话框中单击“符号”按钮，打开“符号”对话框进行设置，如图 2-5 所示。

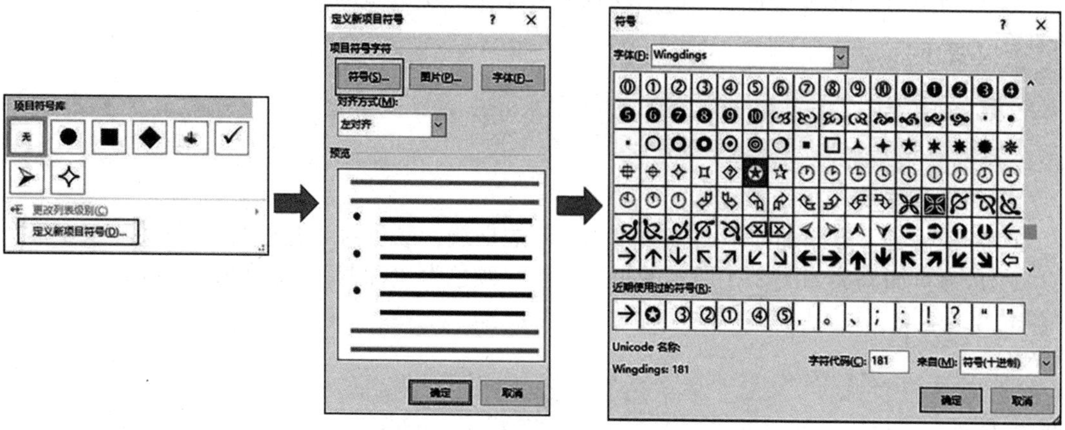

图 2-5 定义新项目符号操作过程

7. 分栏

将正文第三段分为3栏，第1栏宽度为“8字符”、第2栏宽度为“12字符”，栏间距为“2字符”，并加上分隔线。

【提示】

选中第三段文字，在“页面”选项卡的“页面设置”组中单击“分栏”按钮，在下拉列表中选择“更多分栏”命令，弹出“分栏”对话框，如图2-6所示。

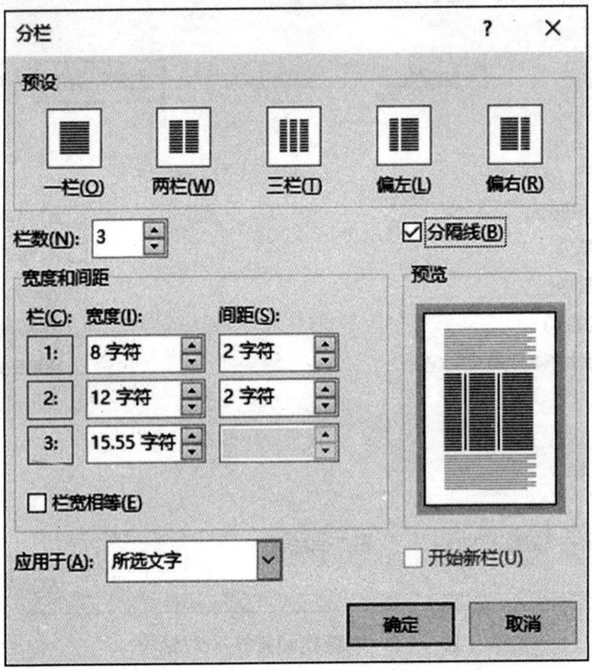

图2-6 “分栏”对话框

8. 对文字进行特殊处理

(1) 将最后一段第一行的“神舟十三号载人飞船”加上字符边框及字符底纹，并将字符放大到150%。

(2) 将最后一段的“长征二号F遥十三运载火箭”加上拼音标注，拼音字号为12磅。

(3) 将最后一段的“酒泉”两字设置为图2-1所示的带圈字符。

【提示】

在“开始”选项卡的“字体”组中找到对应按钮进行设置。字符放大可单击“段落”组的“中文版式”→“字符缩放”进行设置。

9. 边框和底纹

(1) 在标题下方添加如图2-1所示的段落边框线，颜色为“蓝色”，宽度为“3.0磅”。

(2) 为页面添加如图2-1所示的页面边框，颜色为“深蓝”，宽度为“18磅”。

【提示】

在“边框和底纹”对话框的“边框”选项卡和“页面边框”选项卡中进行设置，如图2-7所示。打开“边框和底纹”对话框的两种方法如下。

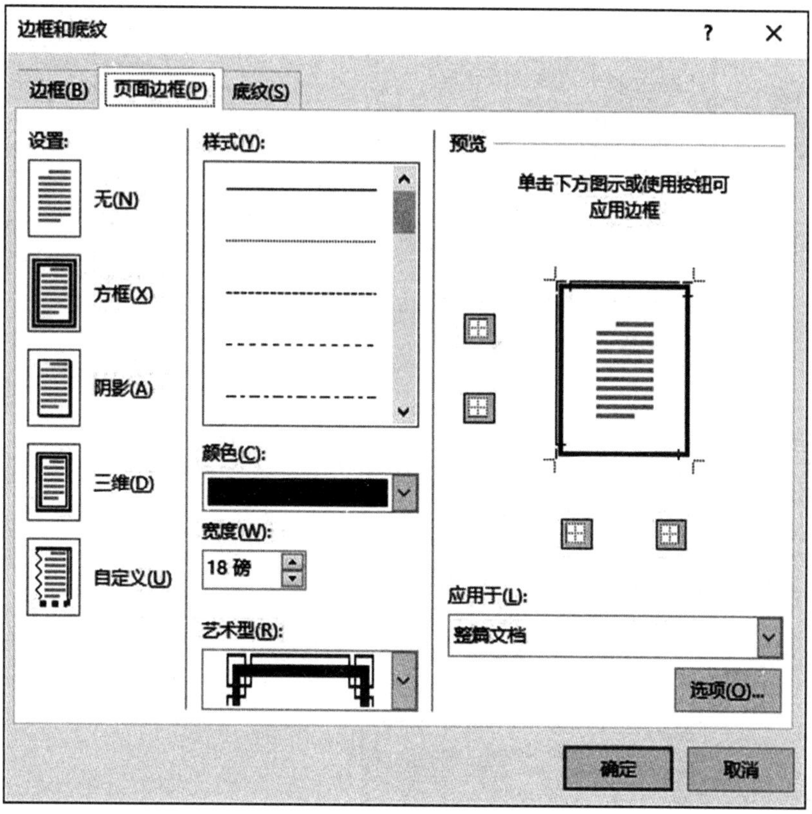

图 2-7　页面边框的设置

方法 1：在“开始”选项卡的“段落”组中单击“边框”按钮，在下拉列表中选择“边框和底纹”命令。

方法 2：在“设计”选项卡的“页面背景”组中单击“页面边框”按钮。

10. 水印

为页面设置“神州十三号”文字水印，颜色为“深蓝”半透明，版式为“斜式”。

【提示】

在“设计”选项卡的“页面背景”组中单击“水印”按钮，在下拉列表中选择“自定义水印”命令，弹出“水印”对话框，如图 2-8 所示。

11. 设置页面背景

将素材“神州十三号载人飞船”图片设置为页面的背景。

【提示】

在“设计”选项卡的“页面背景”组中单击“页面颜色”按钮，在下拉列表中选择“填充效果”命令，在打开的“填充效果”对话框中切换至“图片”选项卡，单击“选择图片”按钮，弹出“插入图片”对话框，单击“从文件”中的“浏览”按钮选择素材图片，操作过程如图 2-9 所示。

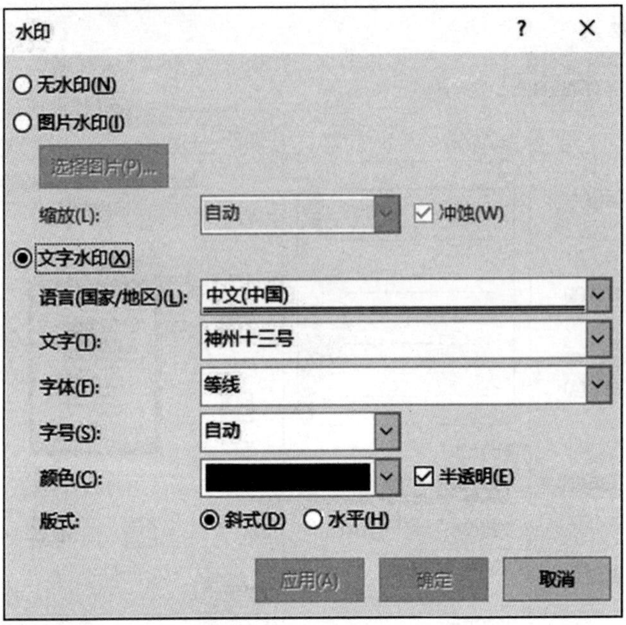

图 2-8 “水印”对话框

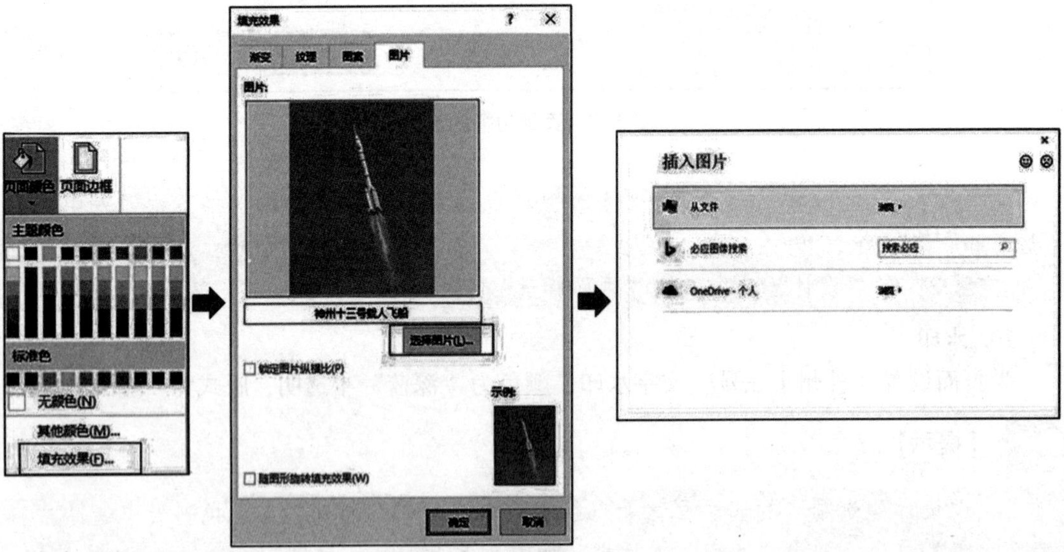

图 2-9 页面背景设置过程

12. 页面设置

将页面纸张设置为“A4”，纸张方向为“纵向”；上、下、左、右页边距设置为“2.5 厘米”；页眉、页脚距边界设置为“1.5 厘米”。

【提示】

单击“布局”选项卡“页面设置”组右下角的“对话框启动器”按钮，打开“页面设置”对话框，在“页边距”“纸张”和“版式”选项卡中进行设置，如图 2-10 所示。

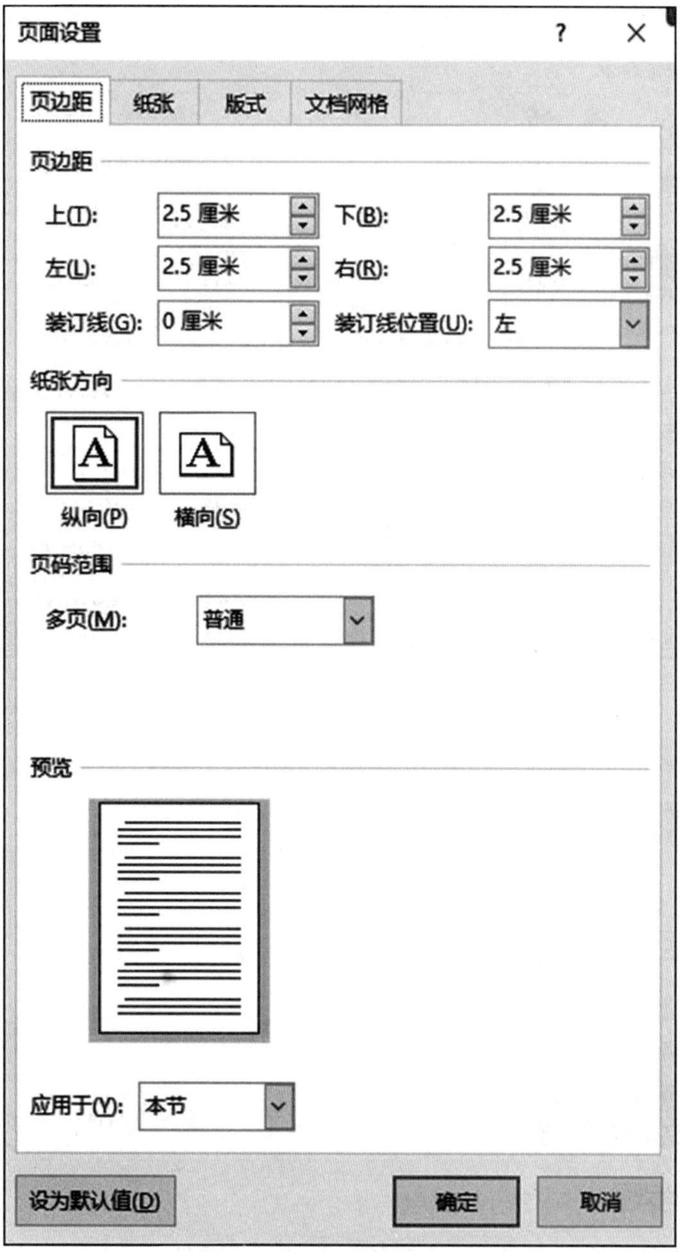

图 2-10　“页面设置”对话框

13. 另存为

将排版完成的文档另存到电脑桌面，文件名为“班级学号姓名 Word 实验一 . docx”。

【提示】

选择“文件”→“另存为”命令，单击“浏览”按钮，打开“另存为”对话框，选择保存位置并命名，如图 2-11 所示。

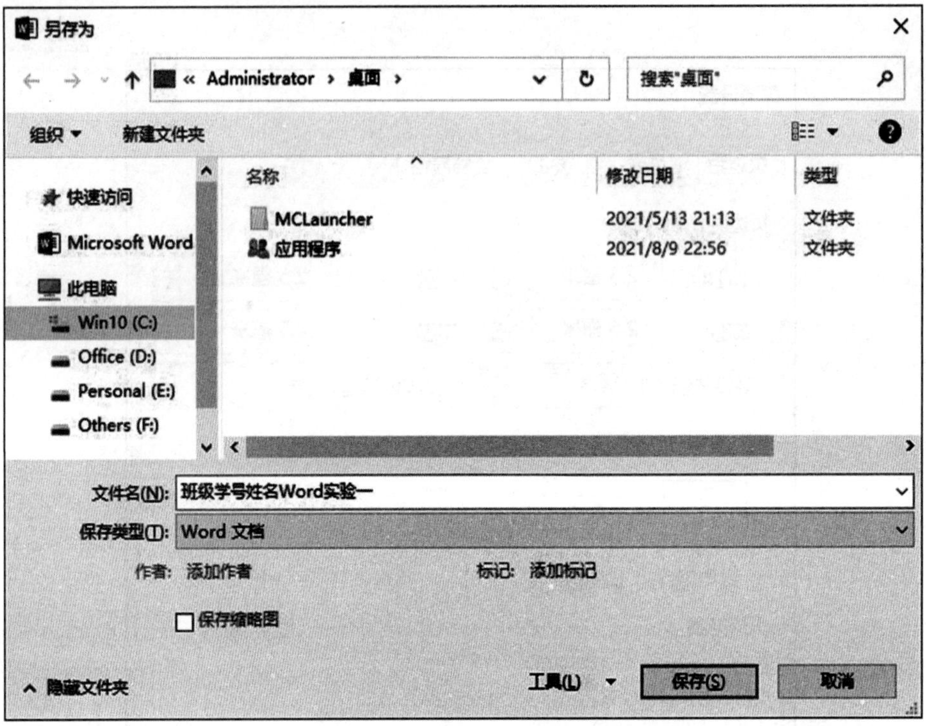

图 2-11 “另存为”对话框

实验二 文档中表格的使用

一、实验目的

(1) 掌握表格的建立及内容的输入。
(2) 掌握表格的编辑。
(3) 掌握表格的格式化。
(4) 掌握表格的简单计算。

二、实验步骤

打开实验二素材文档，建立“个人简历”及“大学成绩单”表格，排版示例如图 2-12 所示，并以“班级学号姓名 Word 实验二 . docx”为文件名保存在桌面上。

1. 页面设置

将上、下页边距设置为“2 厘米”，左、右页边距设置为“3 厘米”，并将“个人简历”和“大学成绩单”表格放在不同页面上。

2. 制作表头

将“个人简历”和“大学成绩单”标题行字样设置艺术字样式，样式为“填充-黑色，文本 1，轮廓-背景 1，清晰阴影-着色 1”；对齐方式为“水平居中”；字体为“华文中宋”；字号为“小一”；文本效果为“阴影-左上对角透视”。

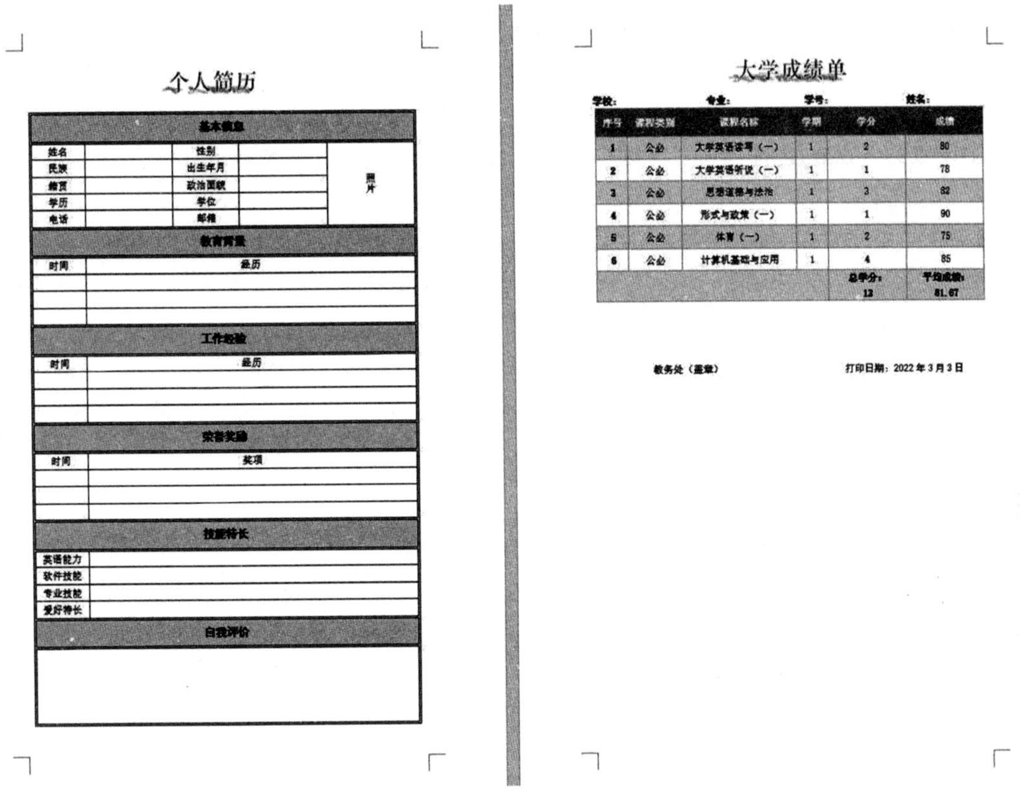

图 2-12　实验二排版示例

3. 建立表格

可先建立一个 28 行 5 列的表格，然后再利用功能按钮调整出图 2-12 所示的表格。

【提示】

（1）在“插入”选项卡的“表格”组中单击“表格”按钮，在下拉列表中选择“插入表格”命令，弹出“插入表格”对话框，在对话框中输入所需的行数和列数，如图 2-13 所示。

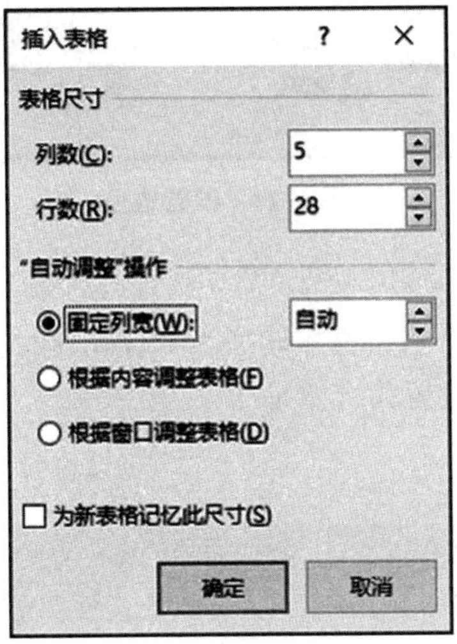

图 2-13　“插入表格”对话框

（2）在“表格工具—布局”选项卡中通过“合并单元格”按钮调整表格。

4. 设置表格行高和列宽

将表格中标题行的高度设置为“1 厘米”，最后一行的高度设置为“2.8 厘米”，其他行的高度设置为“0.6 厘米”。

【提示】

在“表格工具—布局”选项卡的“单元格大小”组中设置。

5. 输入内容，调整字体大小及文字对齐方式

将“基本信息”“教育背景”“工作经验”“荣誉奖励”“技能特长”和“自我评价”标题行的字体设置为“黑体、小四、加粗”，表格中其他字体设置为“宋体、五号”。表格中所有文字“水平居中”，并将“照片”文字设置为“垂直”方向。

【提示】

（1）选中整个表格，在“表格工具—布局”选项卡的“对齐方式”组中单击“水平居中”按钮。

（2）选中“照片”文字，在“表格工具—布局”选项卡的“对齐方式”组中单击“文字方向”按钮，即可调整文字方向。

6. 给表格加边框和底纹

为表格加上如图 2-12 所示的边框及底纹效果。

【提示】

（1）加边框。选中整个表格，在“表格工具—设计”选项卡的“边框”组中，设置边框效果，如图 2-14 所示，边框样式选择“双实线，1/2 pt”，笔画粗细“0.5 磅”，单击“边框”按钮，在下拉列表中选择“外侧框线”命令。再对每一个标题行进行边框效果设置。

（2）加底纹。选中要加底纹的标题行单元格，在“表格工具—设计”选项卡的“表格样式”组中，单击“底纹”按钮，在下拉列表中选择“灰色-50%，个性色 3，淡色 60%”效果。

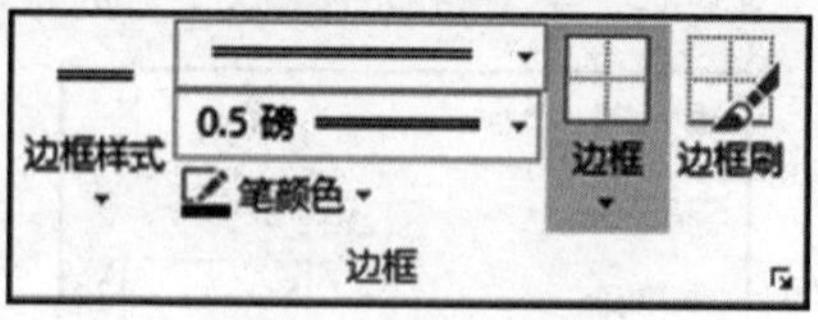

图 2-14　设置边框

7. 文本转换为表格

将“大学成绩单”标题行下方的文本转换为 7 行 6 列的表格，应用“网格表 4-着色 2”表格样式，并将表格中的文本设置为“水平居中”。

【提示】

（1）选中需要转换为表格的文字，在“插入”选项卡的“表格”组中单击“表格”按钮，在下拉列表中选择“文本转换成表格”命令，弹出“将文字转换成表格”对话框，如图 2-15 所示，进行设置。

（2）选中表格，在“表格工具—设计”选项卡的“表格样式”组中，展开样式库，选择“网格表 4-着色 2”表格样式即可。

8. 设置表格大小

将表格标题行高度设置为“1 厘米”，其他行设置为“0. 8 厘米”。

9. 重复标题行

设置标题行自动出现在每个页面的表格上方。

【提示】

选中标题行，在“表格工具—布局”选项卡的“数据”组中单击“重复标题行”按钮，如图 2-16 所示。

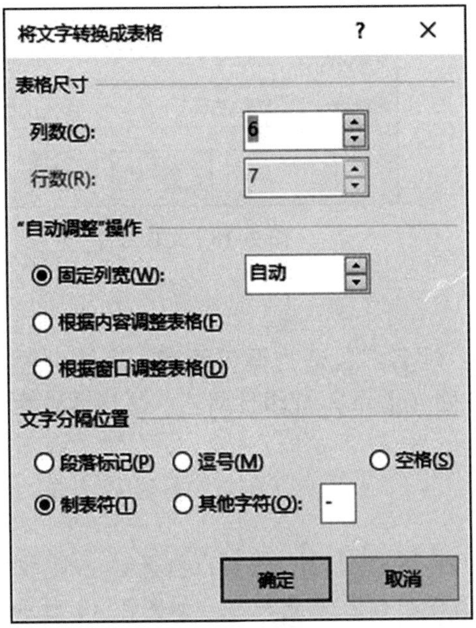

图 2-15　“将文字转换成表格”对话框

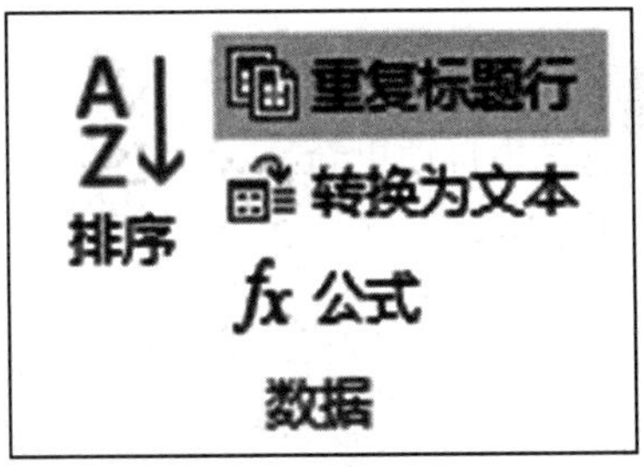

图 2-16　重复标题行

10. 表格计算

在“成绩”列中对各门课程输入自己理想的分数，在表格下方添加一行，按图 2-12 所示合并单元格，计算“总学分”和“平均成绩”，文字加粗。

【提示】

（1）将光标定位于最后一行任意位置，在“表格工具—布局”选项卡的“行和列”组中单击“在下方插入”按钮，添加一行，输入文字内容。

（2）将光标定位于“总学分:”后，在“表格工具—布局”选项卡的“数据”组中单击“公式”按钮，打开“公式”对话框，如图 2-17 所示。在“公式”文本框中输入“=SUM（ABOVE）”，用同样方法计算平均成绩，平均成绩使用 AVERAGE 函数。

11. 保存表格

将制作好的成绩表保存在“表格”部件库，并将其命名为“成绩表”。

【提示】

选中表格，在“插入”选项卡的“文本”组中单击“文档部件”按钮，在下拉列表中选择“将所选内容保存到文档部件库”命令，打开“新建构建基块”对话框，如图 2-18 所示，进行设置。

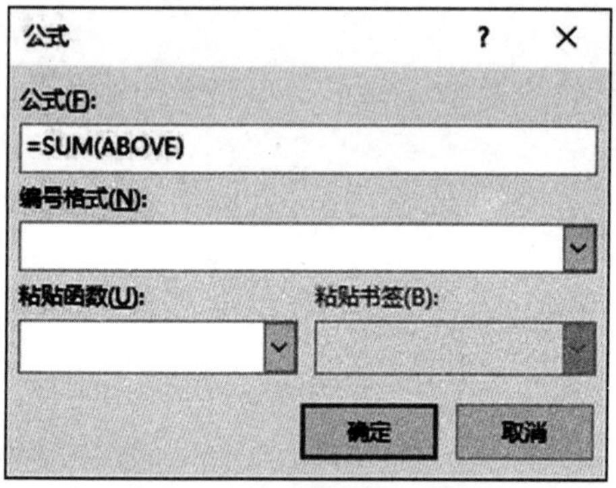

图 2-17　公式计算总学分

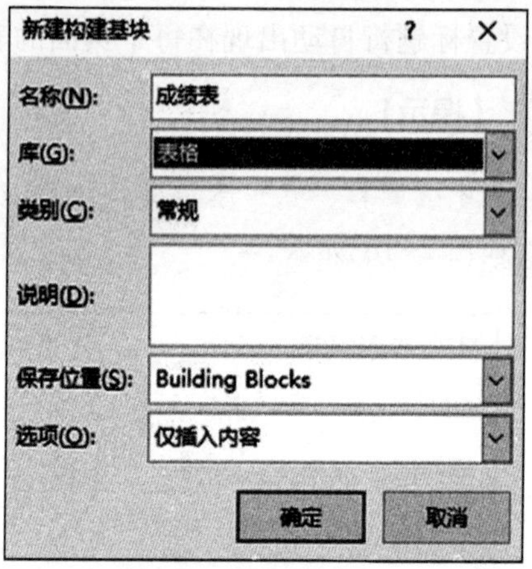

图 2-18　文档部件

12. 完善表格信息

在表格上方输入文字“学校：专业：学号：姓名：”，适当调整距离，字体设置为“五号，黑体，加粗”；在表格下方输入文字“教务处（盖章）打印日期：”，适当调整距离，并将日期设置为自动更新。

【提示】

在“插入”选项卡的“文本”组中单击“日期和时间”按钮，打开“日期和时间”对话框，选择相应的“可用格式”，并勾选“自动更新”复选按钮，如图 2-19 所示。

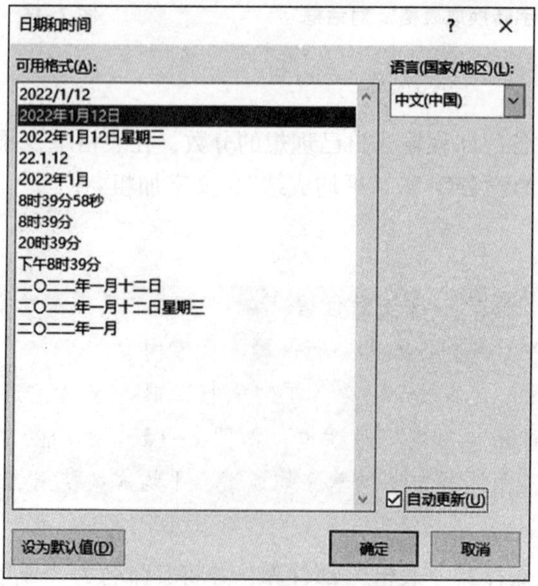

图 2-19　设置日期和时间

实验三　图文混排

一、实验目的

（1）熟练掌握图片的插入、编辑和格式化的方法。

（2）掌握艺术字的使用。

（3）掌握绘制简单图形及其格式化方法。

（4）掌握页面背景的设置。

二、实验步骤

打开实验三素材“贺卡 . docx”文档，创建一张新年贺卡，排版示例如图 2-20 所示，并以“班级学号姓名 Word 实验三 . docx”为文件名保存在桌面上。

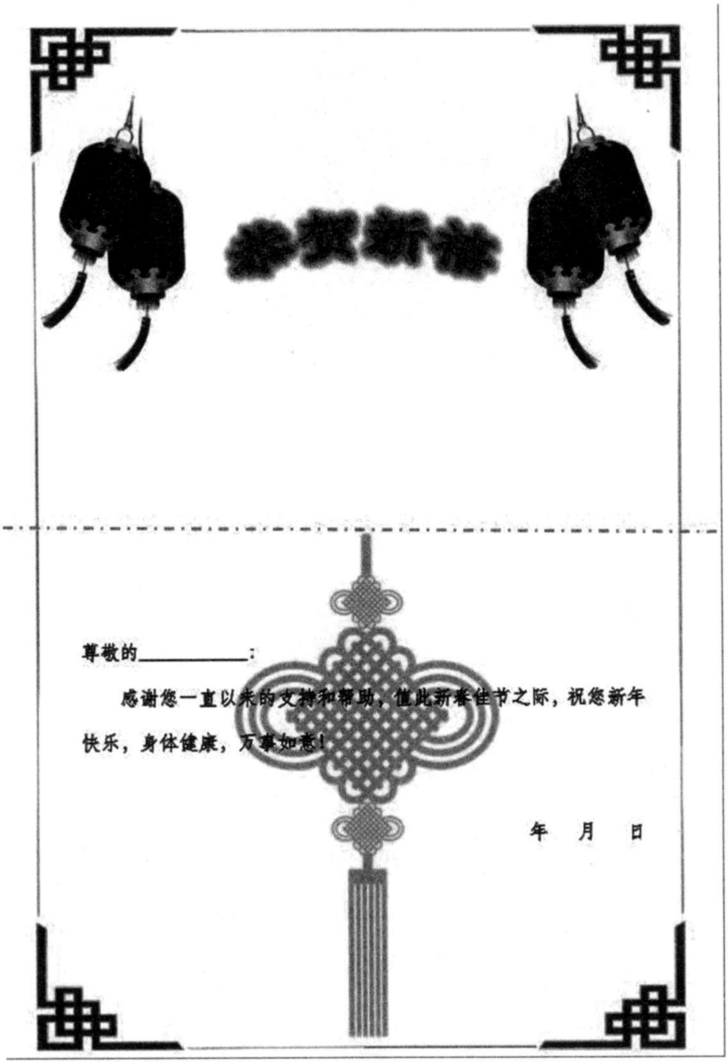

图 2-20　实验三排版示例

1. 页面设置

（1）将纸张大小自定义为“宽 18.2 厘米，高 25.7 厘米”，上、下、左、右页边距均为“2 厘米”。

（2）将素材文件夹中的图片“边框”作为一种“纹理”形式设置为页面背景。

【提示】

在“设计”选项卡的“页面背景”组中单击“页面颜色”按钮，在下拉列表中选择“填充效果”命令，弹出“填充效果”对话框，在“纹理”选项卡中单击“其他纹理”按钮，如图 2-21 所示。在“从文件”中“浏览”找到图片，完成设置。

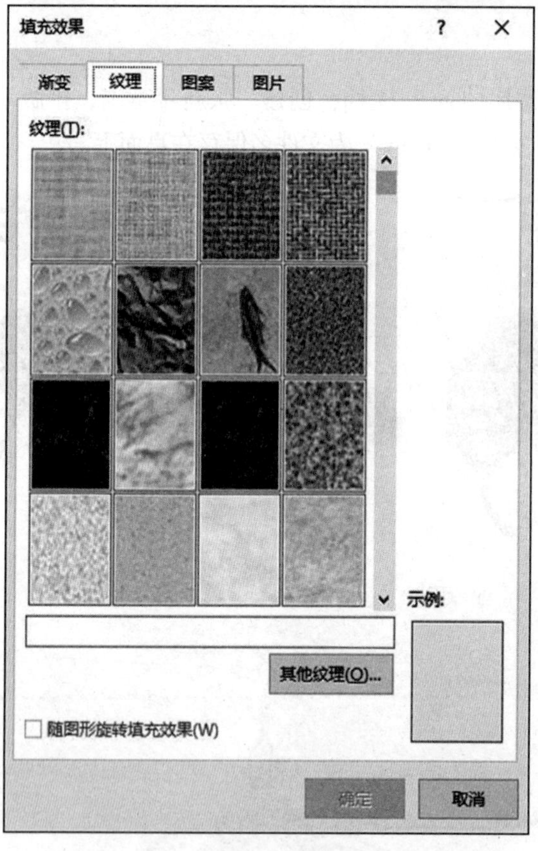

图 2-21　通过“纹理”选项卡设置页面背景

2. 字体、段落设置

参照排版示例调整段落位置。

将“尊敬的________”及下方段落文字设置为“华文仿宋、黑色、小四号、1.5 倍行距”；下方段落首行缩进两个字符，并调整日期为右对齐。

3. 插入图片

将素材文件夹中“灯笼”“中国结”图片插入文档合适位置。

【提示】

（1）插入图片：将光标定位于文档合适位置，在“插入”选项卡的“插图”组中单击“图片”按钮，弹出“插入图片”对话框，选择图片所在的文件路径，将所需图片插入文档中。

(2) 调整图片大小：选中图片，通过图片的控制柄调整其大小。

(3) 设置图片：选中“灯笼”图片，在“图片工具—格式”选项卡的“排列”组中，选择“环绕文字”为“四周型”；并在“调整”组中单击“颜色”按钮，设置图片“颜色饱和度”为“200%”，颜色“色调”为“色温 8 800 K”。复制粘贴图片，在“图片工具—格式”选项卡的“排列”组中单击“旋转”按钮，选择“水平翻转”，将图片调整至合适位置。

(4) 删除背景：选中“中国结”图片，在“图片工具—格式”选项卡的“调整”组中单击“删除背景”按钮，用鼠标拖动控制柄删除背景，如图 2-22 所示；再在“背景消除”选项卡中单击“保留更改”按钮或按〈Enter〉键完成。

(5) 裁剪图片：选中“中国结”图片，在“图片工具—格式”选项卡的“大小”组中单击“裁剪”按钮，用鼠标拖动黑色裁剪标记对图片进行裁剪，如图 2-23 所示。

(6) 给图片重新着色：选中“中国结”图片，在“图片工具—格式”选项卡的“调整”组中单击“颜色”按钮，选择重新着色为“冲蚀”效果。

(7) 选中“中国结”图片，将“环绕文字”设置为“衬于文字下方”，调整到合适位置。

图 2-22　删除背景

图 2-23　裁剪图片

4. 插入形状

在页面正中插入一条虚线。

【提示】

(1) 在“插入”选项卡的“插图”组中单击“形状”按钮，在打开的形状样式列表的“线条”组中选择“直线”，在页面合适位置绘制直线。

(2) 选中直线，在“绘图工具—格式”选项卡的“形状样式”组中设置“形状轮廓”为“橙色”，“粗细”为“1.5 磅”，“虚线”为“划线-点”；单击“大小”组右下角的对话框启动按钮，打开“布局”对话框，设置宽度的“相对值”为“100%”，“相对于”为“页面”；在“排列”组中设置“对齐”为“垂直居中”。

5. 插入艺术字

在页面下方插入“填充-白色，轮廓-着色 2，清晰阴影-着色 2”的艺术字，输入“恭贺新禧”，设置字体为“华文仿宋，初号，加粗”。在“开始”选项卡的“段落”组中单击“中文版式”按钮，在下拉列表中选择“字符缩放”为“150%”。

在“绘图工具—格式”选项卡的“艺术字样式”组中，设置“文本填充”为“红色”，在“文字效果”下拉列表中选择“发光”→“发光变体”→“橙色，8 pt 发光，个性色 2”；“转换”→“跟随路径”→“上弯弧”。

实验四　邮件合并

一、实验目的

（1）掌握利用邮件合并功能批量制作邀请函、标签。

（2）熟练设置页面布局。

（3）熟练使用图文混排。

（4）掌握绘制流程图的方法。

二、实验步骤

按样张效果排版，并利用邮件合并功能生成邀请函和标签，主文档为“Word 实验四邀请函 . docx”文档，邀请人员信息在“Word 实验四通信录 . xlsx”文件中。

1. 制作邀请函

制作如图 2-24 所示的邀请函，页面左侧为邀请内容，页面右侧为参观线路图。

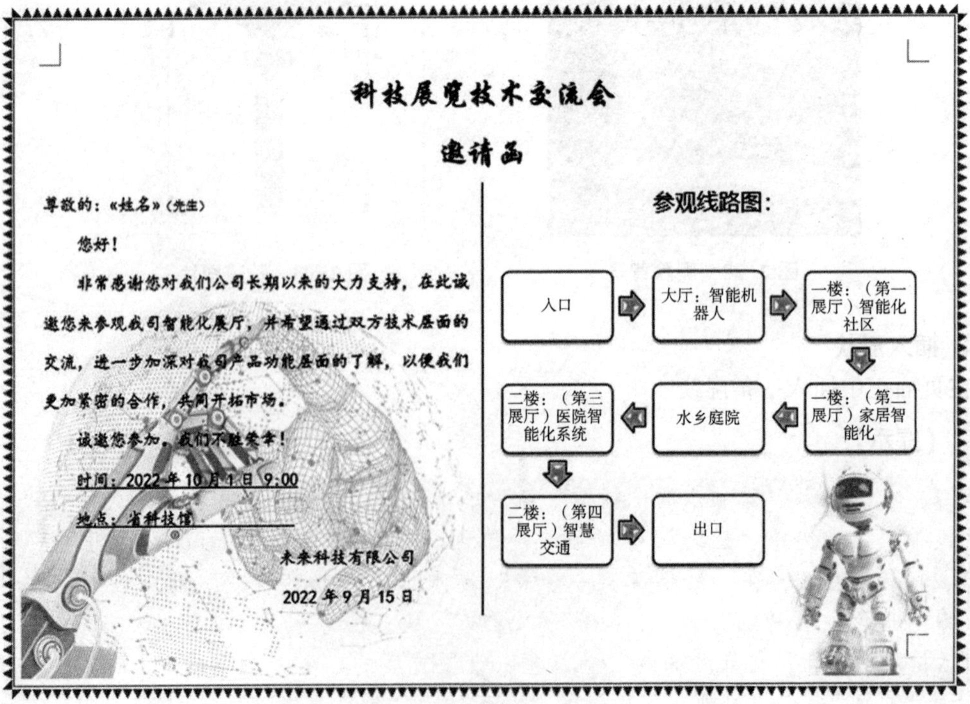

图 2-24　邀请函排版示例

1）页面设置

纸张为 A4 纸，纸张方向为横向；上、下、左、右页边距均为 2 厘米。按样张所示将段落分为两栏，将参观线路图放在页面右侧，添加分隔线，并为页面添加如图 2-24 所示的页面边框。

2）字体、段落设置

大标题设置为“华文行楷、小一号字、居中对齐”；正文设置为“楷体、四号字、首行缩进 2 字符”，段落两端对齐、2 倍行距。在“时间”和“地点”下方加下划线。“参观线路图：”文字设置为“微软雅黑、小二号、居中对齐”。

3）插入 SmartArt 图形

将光标定位于“参观线路图”文字下方，插入“基本蛇形流程”的 SmartArt 图形，输入样张文字内容，调整字体大小，更改主题颜色为“彩色轮廓-个性色 1”，SmartArt 图形样式为三维“卡通”。

【提示】

（1）在“插入”选项卡的“插图”组中单击“SmartArt”按钮，弹出“选择 SmartArt 图形”对话框，选择“流程”→“基本蛇形流程”，输入文字。

（2）文本框不够时，可选中文本框，在“SmartArt 工具—设计”选项卡的“创建图形”组中单击“添加形状”按钮，在下拉列表中选择“在后面添加形状”/“在前面添加形状”命令。

（3）在“SmartArt 工具—设计”选项卡的“SmartArt 样式”组中单击“更改颜色”按钮，在下拉列表中选择“彩色轮廓-个性色 1”命令；在样式库中选择三维“卡通”样式。

4）插入图片

插入素材文件夹中的“机器人”“机器手”图片，适当缩放图片大小，调整图片颜色为“茶色，背景颜色 2 浅色”，将图片设置为“衬于文字下方”并放到文档合适位置。

5）邮件合并

在主文档邀请函“尊敬的：”后面插入邀请人姓名，并在姓名后依据性别插入“（先生）”或“（女士）”。此次会议邀请对象为北京和天津的客户，并为他们每人生成一份独占页面的邀请函。

【提示】

（1）打开“Word 实验四邀请函 .docx”主文档，在“邮件”选项卡的“开始邮件合并”组中单击“开始邮件合并”按钮，在下拉列表中选择“邮件合并分布向导”命令，在 Word 界面右侧弹出“邮件合并”任务窗格。

（2）邮件合并分布向导共包含 6 步，此处第 1 步、第 2 步使用默认设置。

（3）第 3 步：选择收件人。单击“浏览”按钮打开“选取数据源”对话框，通过路径选择“Word 实验四通信录 .xlsx”。在“选择表格”对话框中选择“通信录”工作表，如图 2-25 所示。

单击“确定”按钮后，弹出“邮件合并收件人”对话框，可以看到通信录中所有人的信息，在“调整收件人列表”中单击“筛选”按钮，弹出“筛选和排序”对话框，如图 2-26 所示，进行设置，即可筛选出收件人是北京和天津的客户信息。

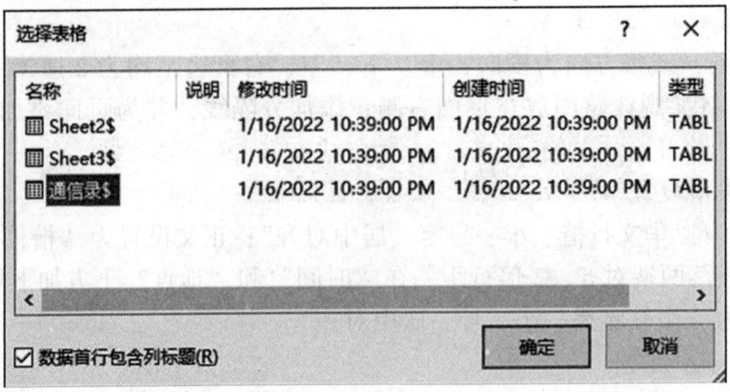

图 2-25　选择数据源

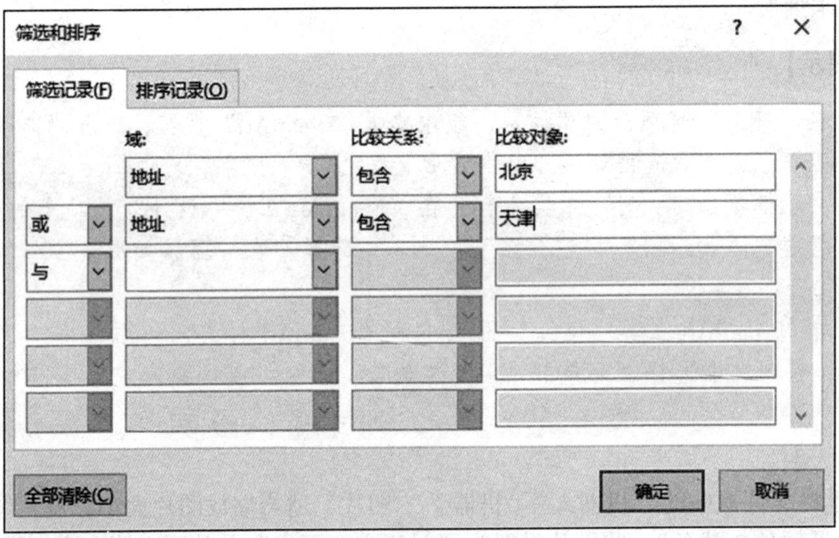

图 2-26　筛选记录

(4) 第 4 步：撰写信函。将光标定位于“尊敬的：”后，单击“其他项目”按钮，弹出“插入合并域”对话框，在“域”列表中选择“姓名”选项，并单击“插入”按钮，如图 2-27 所示。

将光标定位于“《姓名》”后，在“邮件”选项卡的“编写和插入域”组中单击“规则”按钮，在下拉列表中选择“如果…那么…否则”命令，弹出“插入 Word 域：IF”对话框，如图 2-28 所示，进行设置。

(5) 第 5 步：预览信函。通过左、右方向键预览信函。

(6) 第 6 步：完成合并。单击“编辑单个信函”按钮，弹出“合并到新文档”对话框，在“合并记录”区域选中“全部”单选按钮，单击“确定”按钮，如图 2-29 所示，即可生成 8 页名为“信函 1”的新文档。将该文档以“班级学号姓名 Word 实验四邀请函.docx”为文件名保存在桌面上。

2. 制作标签

参考图 2-30 所示的标签样例，为客户制作一份贴在信封上用于邮寄的标签，要求如下。

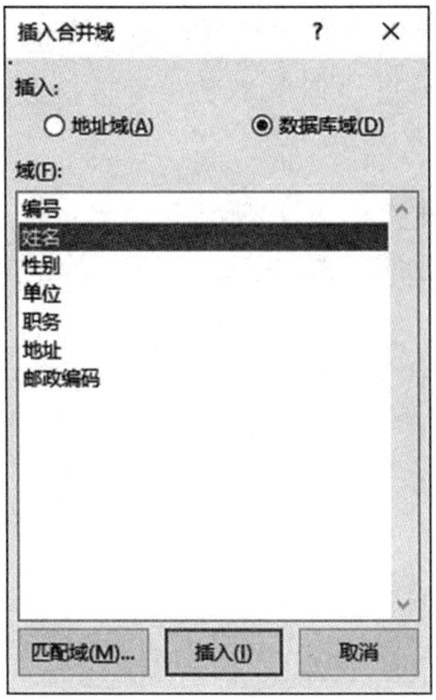

图 2-27　插入“姓名”域

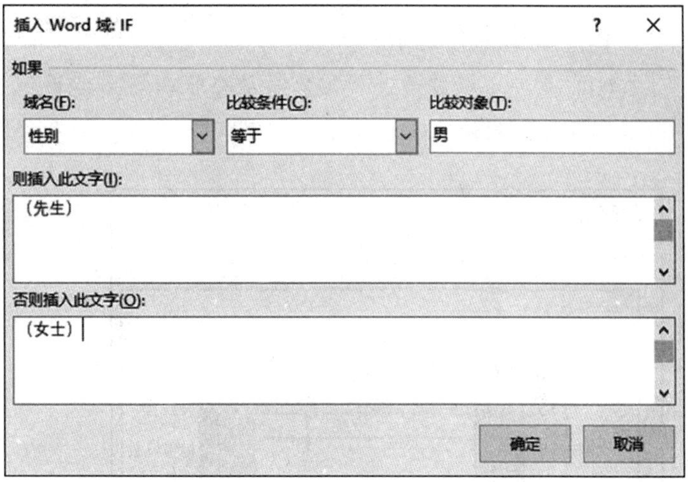

图 2-28　规则设置

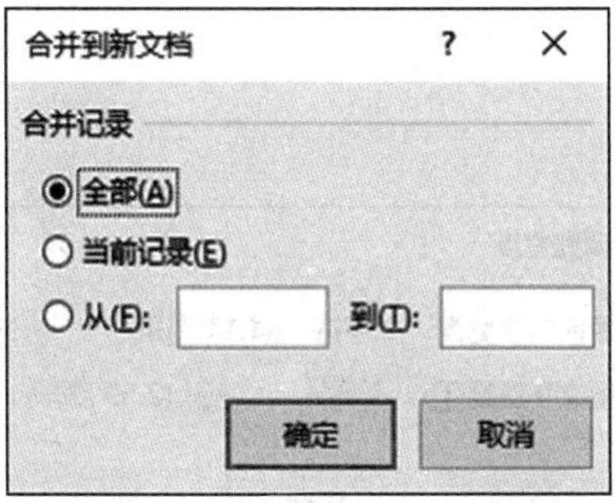

图 2-29　“合并到新文档”对话框

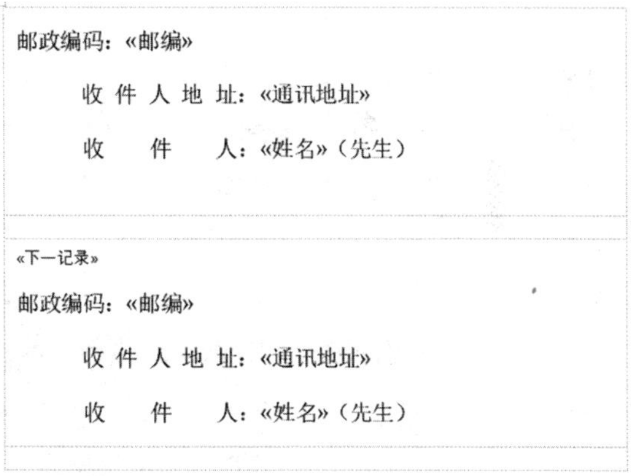

图 2-30　标签排版示例

（1）在 A4 纸上制作名为“邮寄地址”的标签，标签宽 14 厘米、高 4.5 厘米；标签距纸张上边距 1 厘米、侧边距 3 厘米，标签之间间隔 0.5 厘米，每页 A4 纸上打印 5 张标签。

（2）在标签主文档中输入相关文字内容，字体为宋体、四号。

（3）通过邮件合并功能插入客户信息，并适当排版，要求“收件人地址”和“收件人”两组文本均占用 7 个字符宽度。

（4）仅为北京和天津的客户每人生成一份标签。文档以“班级学号姓名 Word 实验四标签.docx”为文件名保存在桌面上。

【提示】

（1）新建标签：新建一个 Word“空白文档”，在“邮件”选项卡的“创建”组中单击“开始邮件合并”按钮，在下拉列表中选择“标签”命令，弹出“标签选项”对话框，单击“新建标签”按钮，打开“标签详情”对话框进行设置，如图 2-31 所示。

(2) 调整字符宽度：选中要调整的字符，在“开始”选项卡的“段落”组中单击“中文版式”按钮，在下拉列表中选择“调整宽度”命令，弹出“调整宽度”对话框进行设置，如图 2-32 所示。

(3) 第一个标签通过“邮件合并分步向导”设置到“第 4 步：编排标签”，其余标签内容可直接复制粘贴到“《下一记录》”下方，调整好格式后再完成合并。

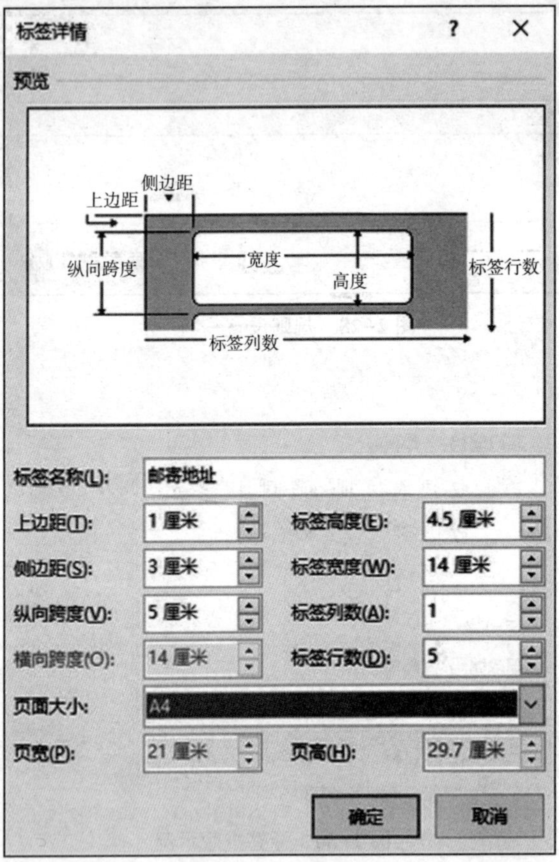

图 2-31 设置标签

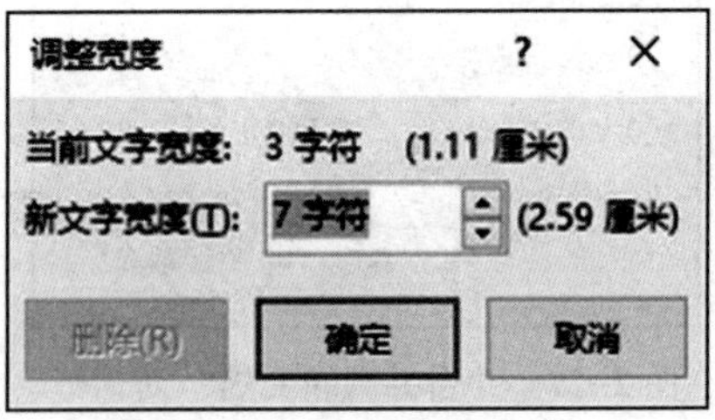

图 2-32 调整字符宽度

实验五 长文档排版

一、实验目的

(1) 综合 Word 2016 知识点，对长文档进行排版。

(2) 掌握在文档中设置不同级别的标题样式，并能自动生成目录的方法。

(3) 掌握对文档添加页眉、页脚和页码的方法。

二、实验步骤

对“第 48 次中国互联网络发展状况统计报告（第一、二章）.docx”文档进行排版，并自动生成目录，排版示例如图 2-33 所示。以“班级学号姓名 Word 实验五 .docx”为文件名保存在桌面上。

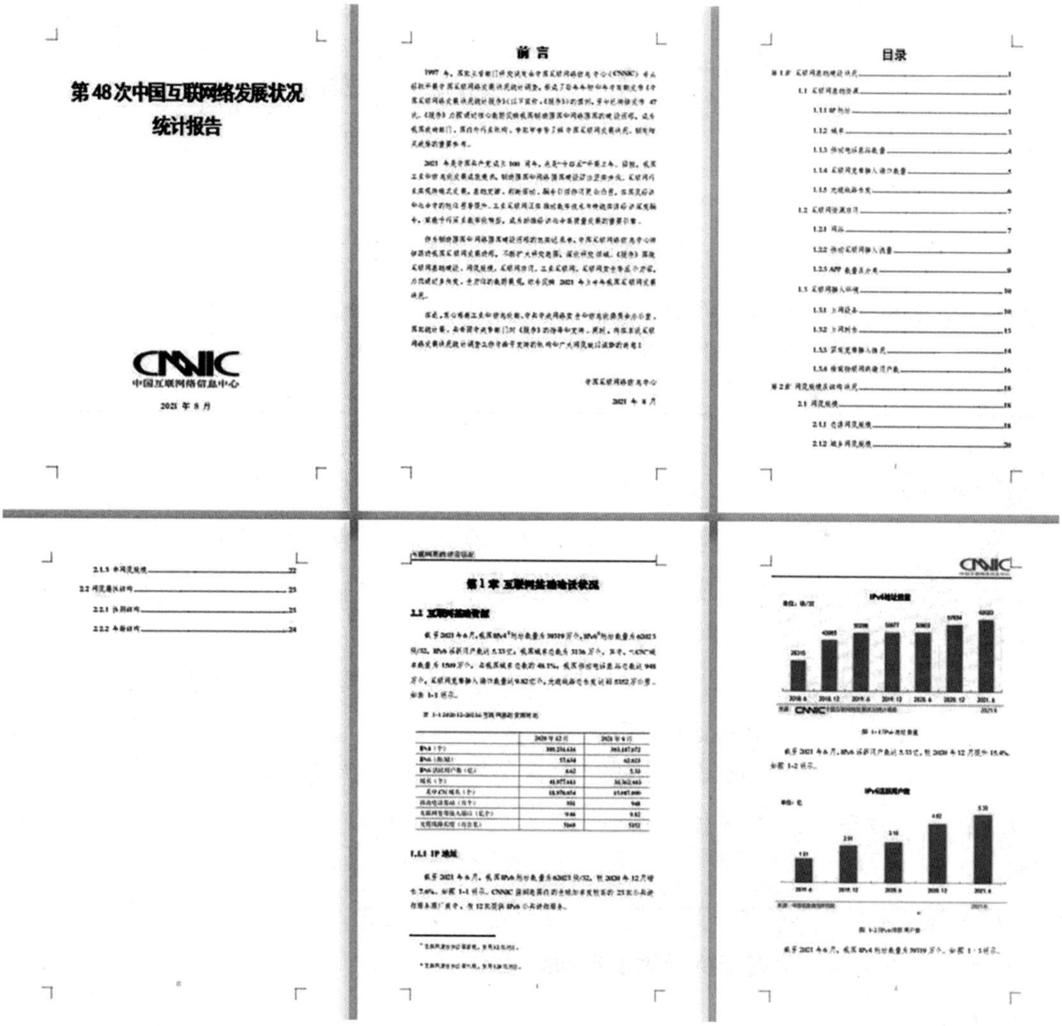

图 2-33　实验五排版示例

1. 页面设置

纸张大小为 A4，对称页边距，上、下边距各为 2.5 厘米，内侧边距为 2.5 厘米、外侧边距为 2 厘米，装订线为 1 厘米，页眉、页脚均距边界 1.5 厘米。

2. 设置标题样式

文档中包含 3 个级别的标题，其文字分别用不同颜色显示。按表 2-1 所示的要求对文档应用样式、并对样式格式进行修改。

表 2-1 各级标题格式

文字颜色	标题级别	样式	格式
红色	一级标题 第 1 章××××××	标题 1	华文中宋，小二，加粗，深蓝，居中，段前 1.5 行，段后 1 行，行距最小值 12 磅，与下段同页，自动更新
紫色	二级标题 1.1××××××	标题 2	华文中宋，小三，加粗，深蓝，段前 1 行，段后 0.5 行，行距最小值 12 磅，与下段同页，自动更新
绿色	三级标题 1.1.1××××××	标题 3	宋体，四号，加粗，深蓝，段前 12 磅，段后 6 磅，行距最小值 12 磅，与下段同页，自动更新
黑色（不含表格、图表及题注）	除上述 3 个级别标题外的所有正文（不含表格、图表及题注）	正文	仿宋，小四，两端对齐，首行缩进 2 字符，段前、段后 0.5 行，1.5 倍行距

【提示】

(1) 设置一级标题。选中第一页红色字体，在“开始”选项卡的“编辑”组中单击“选择”按钮，在下拉列表中选择“选定所有格式类似的文本”命令，将文档中所有红色字体选中。

(2) 在“开始”选项卡的“样式”组中单击“其他”按钮，在下拉列表中选择“样式库”→“标题 1”命令。

(3) 右击“标题 1”，选择“修改”命令，弹出“修改样式”对话框，按要求进行格式设置，单击左下角的“格式”按钮，还可对字体、段落格式进行修改，如图 2-34 所示。

(4) 使用相同方法设置二级标题、三级标题和正文格式。

3. 设置多级列表，为各级标题添加自动编号

【提示】

(1) 在“开始”选项卡的“段落”组中单击“多级列表”按钮，在下拉列表中选择“定义新的多级列表”命令。

(2) 在“定义新多级列表”对话框中，单击左下角“更多”按钮。在“单击要修改的级别”列表框中选择“1”，在“将级别链接到样式”下拉列表中选择“标题 1”命令，在“输入编号的格式”文本框中的数字“1”前输入“第”字，数字“1”后输入“章”字，“对齐位置”设置为“0 厘米”，设置“文本缩进位置”为“0 厘米”，在“编号之后”下拉列表中选择“空格”命令，如图 2-35 所示。(3) 在“单击要修改的级别”列表框中选择“2”，在“将级别链接到样式”下拉列表中选择“标题 2”命令，在“输入编号的格式”文本框中数字默认设置“1.1”不变，“对齐位置设置”为“0 厘米”，设置“文本缩进位置”为“0 厘米”，在“编号之后”下拉列表中选择“空格”。

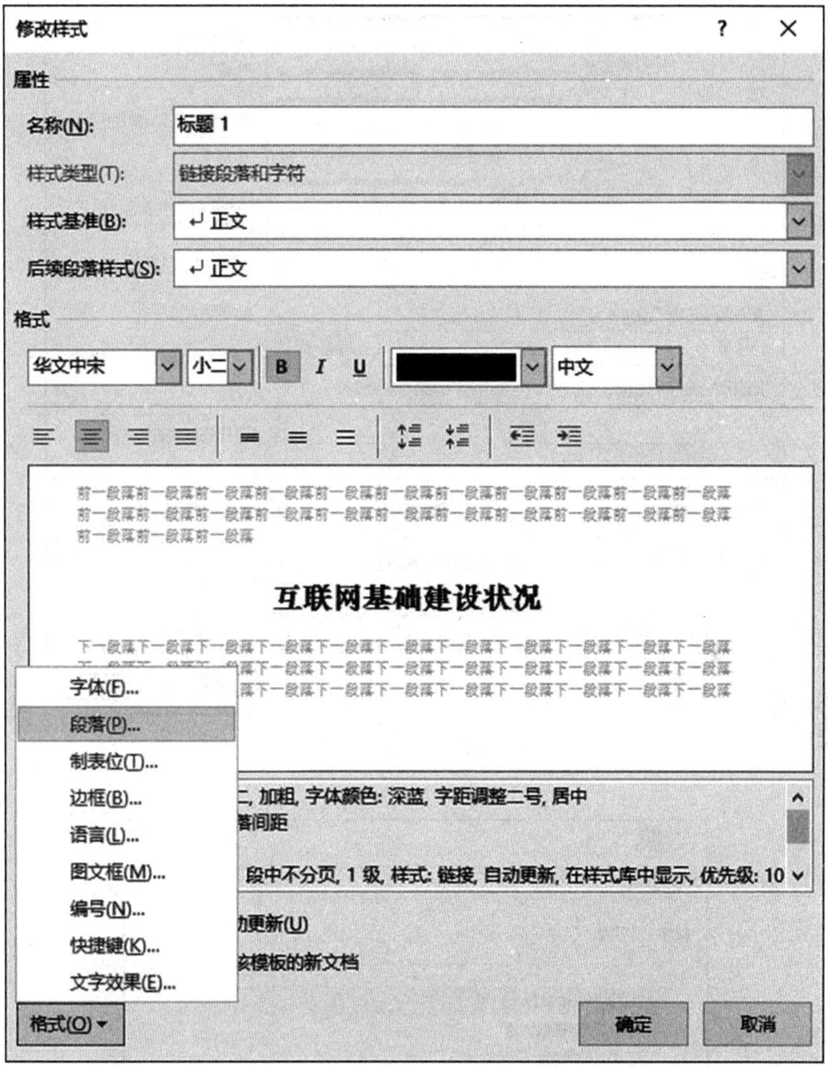

图 2-34　修改样式

(3) 在“单击要修改的级别”列表框中选择“3”，在“将级别链接到样式”下拉列表中选择“标题 3”命令，在“输入编号的格式”文本框中数字默认设置“1.1.1”不变，“对齐位置”设置为“0 厘米”，设置“文本缩进位置”为“0 厘米”，在“编号之后”下拉列表中选择“空格”命令。

多级列表设置完成后，可在“视图”选项卡的“显示”组中勾选“导航窗格”复选按钮，在“导航”窗格中即可看见连续编号的各级标题，如图 2-36 所示。

4. 插入分节符

封面、前言和正文均为不同节。

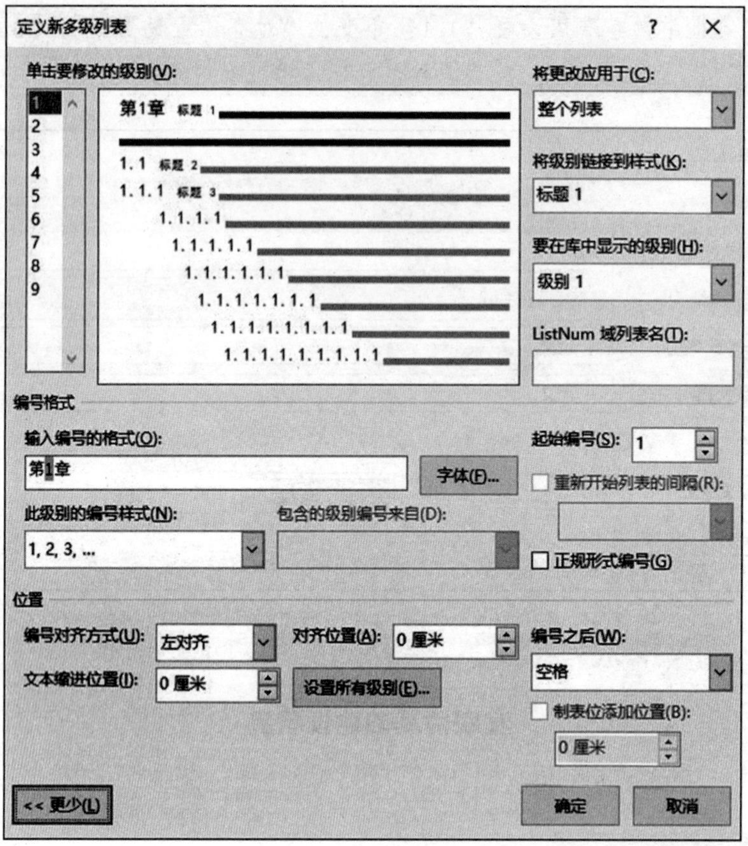

图 2-35 设置多级列表

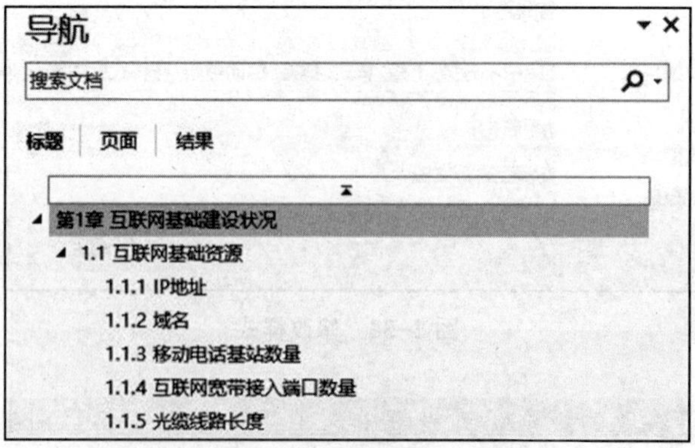

图 2-36 导航窗格

【提示】

（1）将光标定位于需要分节的位置，如定位在“前言”前面，在“布局”选项卡的“页面设置”组中单击“分隔符”按钮，在下拉列表中选择“下一页”命令，如图 2-37 所示。

（2）在“视图”选项卡的“视图”组中单击“大纲视图”按钮，可查看“分节符”是否插入成功，如图 2-38 所示。

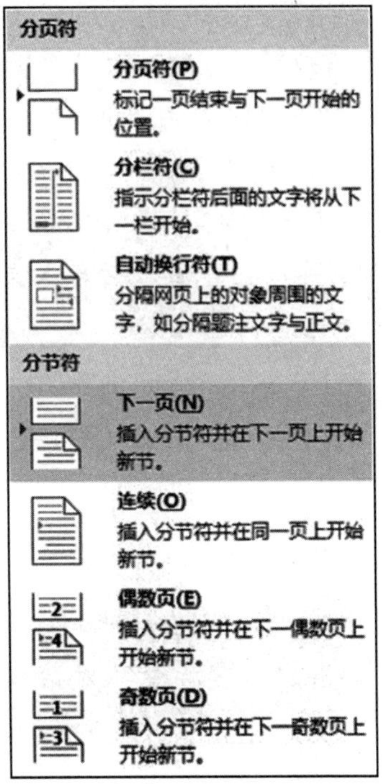

图 2-37　插入分节符

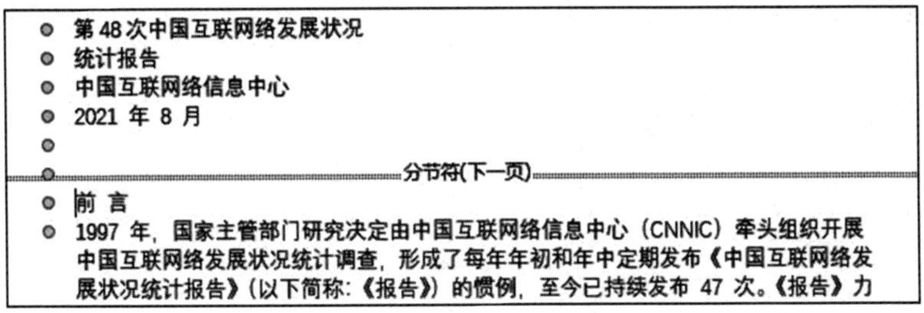

图 2-38　查看分节符

5. 制作封面、前言

（1）封面标题设置：黑体，小初，加粗，字符间距缩放 80%，居中对齐。

（2）将落款文字“中国互联网络信息中心”删除，插入素材中的 Logo 图片，居中对齐，对图片进行适当裁剪、缩放，图片饱和度设置为 33%。

（3）“前言”设置：黑体，二号，加粗，居中对齐。落款右对齐。

6. 插入脚注

为正文第一段中用黄色底纹标出的文字“IPv4”“IPv6”分别添加脚注，脚注位于页面底部，编号格式及内容分别为“①互联网通信协议第四版，使用 32 位地址”“②互联网通信协议第六版，使用 128 位地址”。

【提示】

（1）先将“IPv4”“IPv6”显示文本改为“无颜色”。在“开始”选项卡的“字体”组中单击“以不同颜色突出显示文本”按钮，在下拉列表中选择“无颜色”命令。

（2）对“IPv4”设置脚注。将光标定位于“IPv4”后，在“引用”选项卡的“脚注”组中单击右下角的“对话框启动器”按钮，打开“脚注和尾注”对话框，对脚注位置、编号格式进行设置，如图2-39所示，单击“插入”按钮，在脚注“①”后输入文字“互联网通信协议第四版，使用32位地址”。

（3）对“IPv6”设置脚注。将光标定位于“IPv6”后，在“引用”选项卡的“脚注”组中单击“插入脚注”按钮，在脚注“②”后输入文字“互联网通信协议第六版，使用128位地址”。

7. 插入图注

为图片添加图注，图号按章节进行编号。例如：图1-1，表示第1章第1幅图。对齐方式设置为居中对齐。

【提示】

（1）在“引用”选项卡的“题注”组中单击“插入题注”按钮，弹出“题注”对话框，单击“新建标签”按钮，弹出“新建标签”对话框，在“标签”文本框中输入“图”，如图2-40所示。

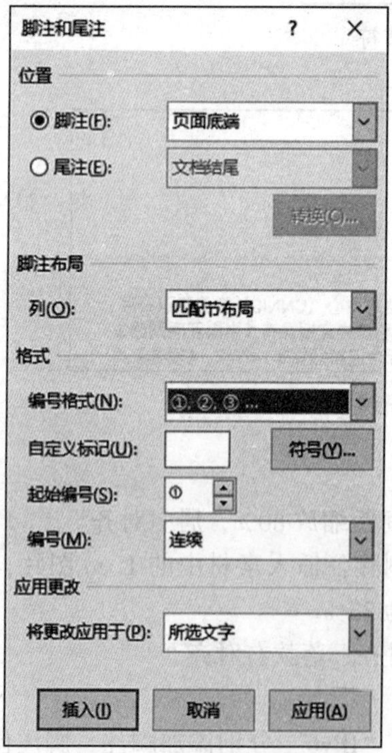

图 2-39 设置脚注

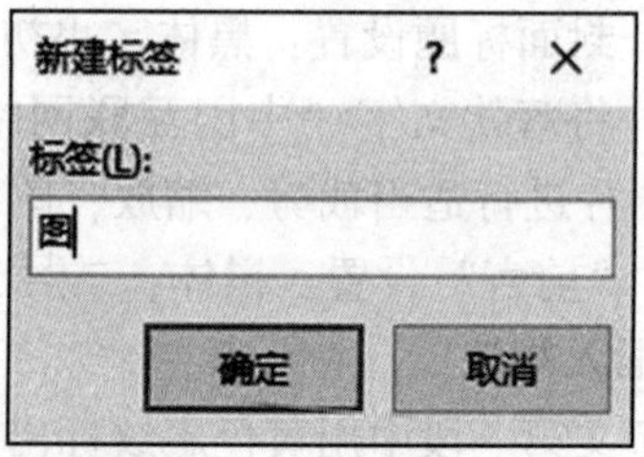

图 2-40 新建图注标签

（2）在“题注”对话框中单击“编号”按钮，弹出“题注编号”对话框，在“格式”下拉列表中选择“1，2，3，…”命令，勾选“包含章节号”复选按钮，“章节起始样式”选择“标题1”，如图2-41所示。

（3）在文中引用对应图注。将光标定位于文中要引用图注的位置，在“引用”选项卡的“题注”组中单击“交叉引用”按钮，弹出“交叉引用”对话框，在“引用类型”下拉列表中选择“图”命令，在“引用内容”下拉列表中选择“只有标签和编号”命令，选择对应需要引用的题注，如图 2-42 所示。

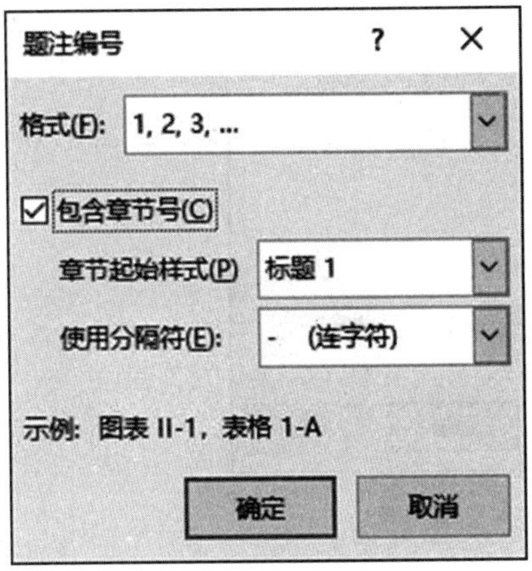

图 2-41　编号格式设置

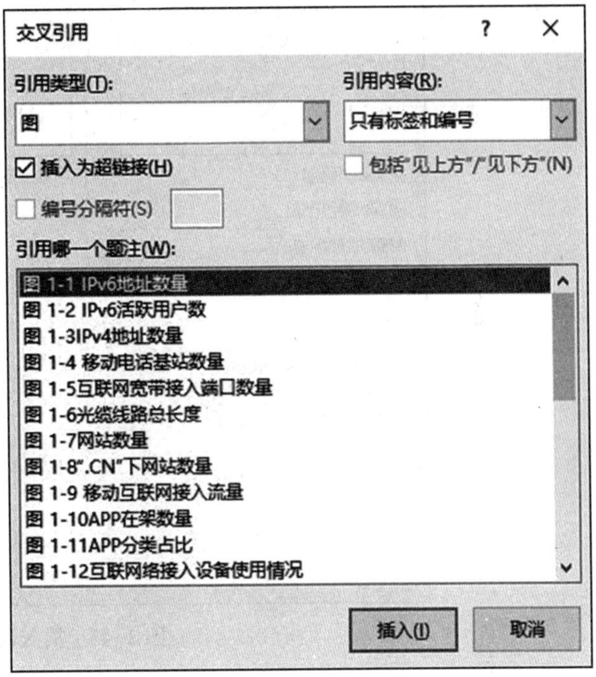

图 2-42　引用图片标签和编号

8. 插入表注

为表格添加表注，表号按章节进行编号。例如：表 1-1，表示第 1 章第 1 个表格。对齐方式设置为左对齐。

【提示】

操作方法与插入图注相同。

9. 制作目录

【提示】

（1）在“前言”页后，插入一个新节用于制作目录。

（2）在“引用”选项卡的“目录”组中单击“目录”按钮，在下拉列表中选择“自定义目录”命令，弹出“目录”对话框，如图 2-43 所示。

10. 设置页眉页脚

“封面”与“前言”页无页眉、页脚；“目录”页无页眉，页码居中显示，字体格式为大写罗马数字；正文起始页码为 1，奇数页页眉居左插入章节标题 1 信息，字体格式为宋体、小四号、加粗、蓝色；偶数页页眉居右插入素材中的 Logo 图片，进行适当裁剪、缩放。

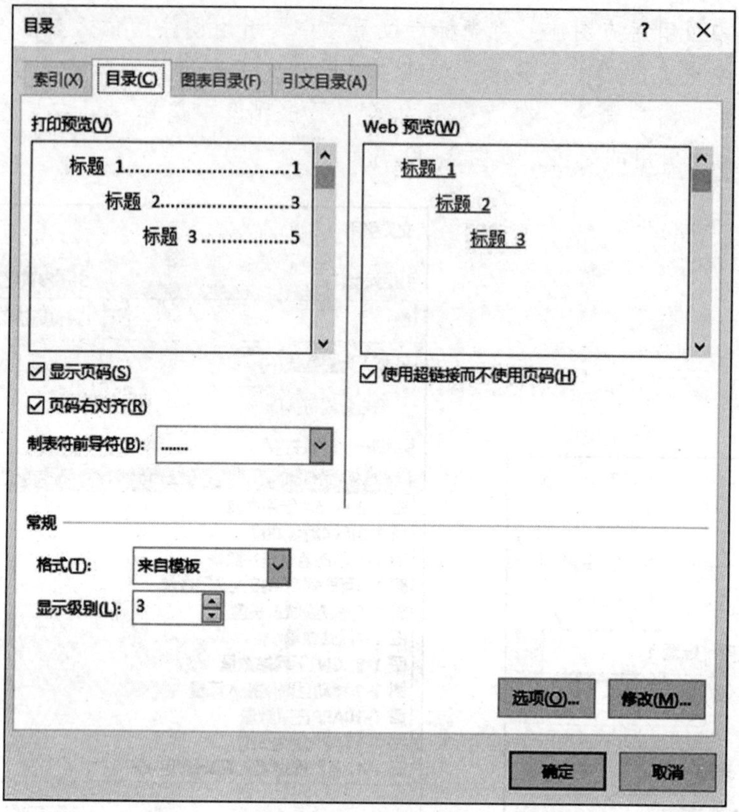

图 2-43 插入目录

【提示】

(1) 设置不同页眉、页脚要先为文章分节，前面已分好节。

(2) 不同节要求设置不同的页眉、页脚，因此节与节之间无链接关系。将光标定位于“目录”页，在“插入”选项卡的“页眉和页脚”组中单击“页码”按钮，在下拉列表中选择“设置页码格式”命令，弹出“页码格式”对话框，设置如图 2-44 所示。

(3) 在“插入”选项卡的“页眉和页脚”组中单击“页码”按钮，在下拉列表中选择“页面底端”→“普通数字 2”命令。并在“页眉和页脚工具—设计”选项卡的“导航”组中取消勾选“链接到前一条页眉”复选按钮。

(4) 对“封面”和“前言”页中出现的页码进行删除。

(5) 将光标定位于“正文”页的页脚处，打开“页码格式”对话框，将页码编号的起始页码设置为“1”。在“页眉和页脚工具—设计”选项卡的“选项”组中勾选“奇偶页不同”复选按钮，并在奇数页和偶数页的页眉、页脚中分别取消勾选“链接到前一条页眉”复选按钮。

(6) 将光标定位于正文奇数页页眉处，在“页眉和页脚工具—设计”选项卡的“插入”组中单击“文档部件”按钮，在下拉列表中选择“域”命令，弹出“域”对话框，在“域名”列表框中选择“StyleRef”，在“样式名”列表框中选择“标题 1”，设置如图 2-45 所示，单击“确定”按钮，再按题目要求设置字体格式。

(7) 将光标定位于正文偶数页页眉处，插入素材图片，适当缩放大小并裁剪，再转至页脚处插入页码。

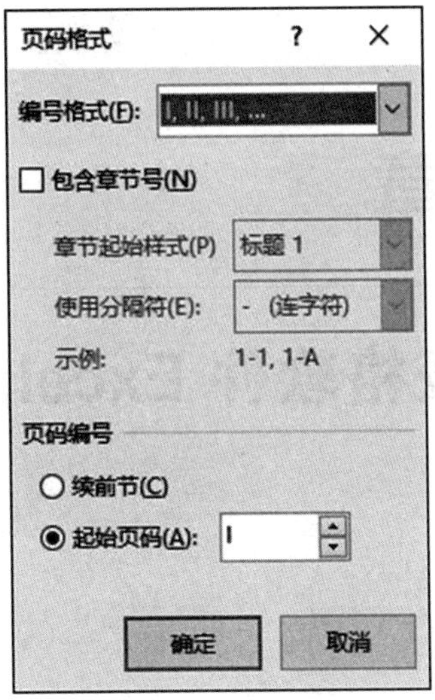

图 2-44　设置页码格式

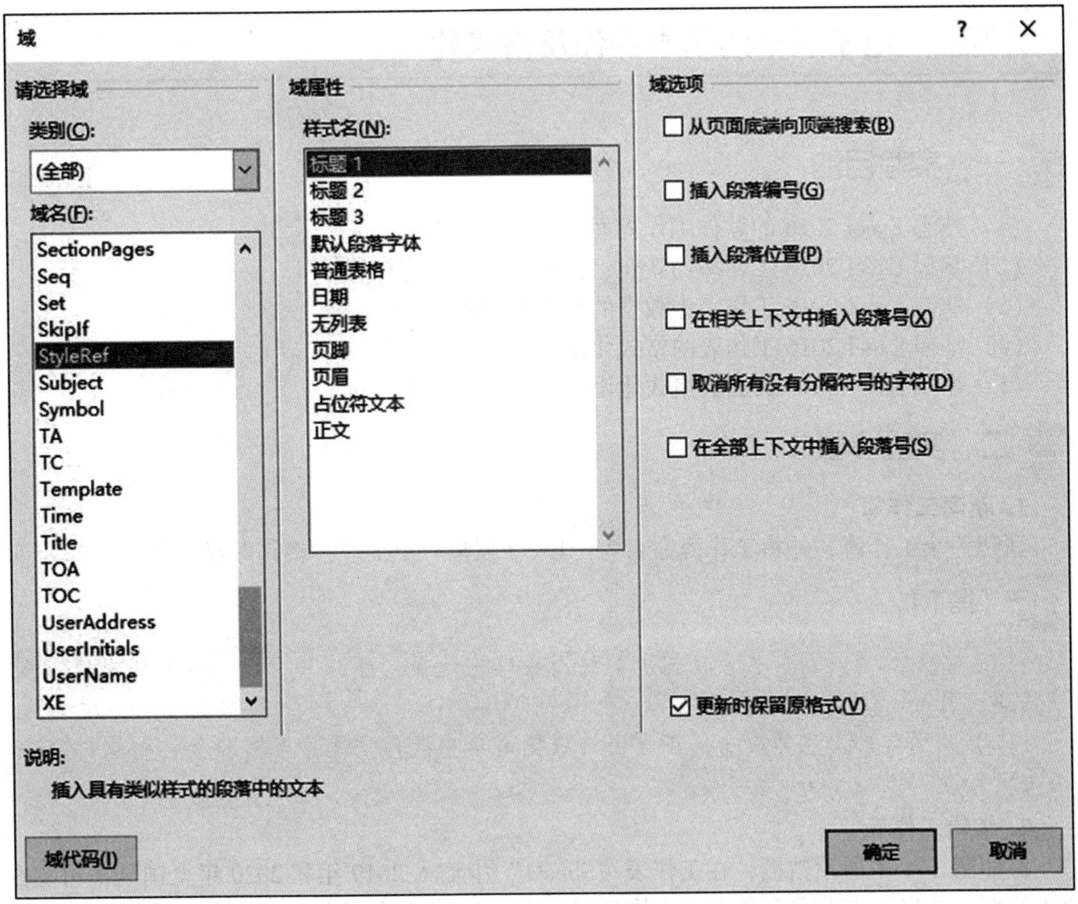

图 2-45　设置章节名称为页眉

第 3 章

电子表格软件 Excel 2016 操作实验

实验一 电子表格的基本操作及格式化

一、实验目的

（1）熟悉 Excel 2016 的软件工作界面。
（2）掌握 Excel 2016 工作簿的新建、保存、另存为等设置。
（3）掌握 Excel 2016 工作表中数据的输入和编辑。
（4）掌握 Excel 2016 工作表的格式化设置。
（5）掌握 Excel 2016 页面的格式化设置。

二、实验步骤

1. 新建工作簿

新建一个工作簿，并将工作簿命名为“Excel 实验一 . xlsx”，将其保存在桌面上。

【提示】

（1）在计算机桌面右击，在弹出的快捷菜单中选择“新建”命令，在新建文件列表中选择“Microsoft Excel 工作表”。

（2）对新建的工作簿右击，在弹出的快捷菜单中选择“重命名”命令，将文件重命名为“Excel 实验一 . xlsx”。

2. 编辑工作表

参照图 3-1 中所示数据，在工作表“Sheet1”中输入 2019 年和 2020 年全国居民可支配收入数据，并将工作表重命名为“人均可支配收入”，标签颜色为“浅蓝”。

3. 对工作表的数据区域进行格式化操作

（1）在数据表格 A 列右侧插入一列空白列，在数据表格第一行上方插入一行空白行。

（2）将 A1：D1 进行单元格合并后居中，在 A1 单元格中输入“全国居民人均可支配收

	A	B	C
1	指标	2019年	2020年
2	一、全国居民可支配收入(元)	30733	32189
3		17186	17917
4		5247	5307
5		2619	2791
6		5680	6173
7	二、城镇居民可支配收入(元)	42359	43834
8		25565	26381
9		4840	4711
10		4391	4627
11		7563	8116
12	三、农村居民可支配收入(元)	16021	17131
13		6583	6974
14		5762	6077
15		377	419
16		3298	3661

Sheet1

图 3-1　Excel 2016 实验一数据

入（元）”，字体颜色设为“红色”，字体为“黑体”，字号为“14”号并将字体加粗。

（3）设置数据区域字体为“黑体”，字号为“12”号，数据居中对齐。

（4）在单元格 B2 中输入“统计部门”字样，将 B 列列宽设置为“14”。

（5）在 B3：B17 单元格区域中使用组合键〈Ctrl+Enter〉输入相同的内容。

【提示】

（1）选中单元格区域 B3：B17，在此连续区域的起始单元格 B3 单元格中输入“国家统计局”字样。

（2）使用组合键〈Ctrl+Enter〉，填入相同内容。

（6）设置数据区域边框（表格大标题除外），其中外边框为粗外边框线，边框颜色为“黑色”，内边框为单虚线边框线，边框颜色为“浅蓝”。

（7）将 C3：D17 单元格区域中的数据设为“货币型”，小数点后保留 2 位。

（8）将数据表区域设置为新的表格快速样式，样式名称为“表样式 1”。

【提示】

（1）选中数据表区域，在“开始”选项卡的“样式”组中单击“套用表格格式”按钮，在下拉列表中选择“新建表格样式”命令。

（2）弹出“新建表样式”对话框，如图 3-2 所示。

（3）在“名称”文本框中输入“表样式 1”，单击“确定”按钮。

4. 数据验证

根据图 3-3 所示样张，利用“数据验证”对“指标”列中的 A4：A7，A9：A12，A14：A17 三个数据区域进行数据输入限制。

【提示】

（1）在数据表区域中选中 A2：A17，单击“数据”选项卡的“数据工具”组中的“数据验证”按钮。

（2）在下拉列表中选择“数据验证”命令，弹出“数据验证”对话框。

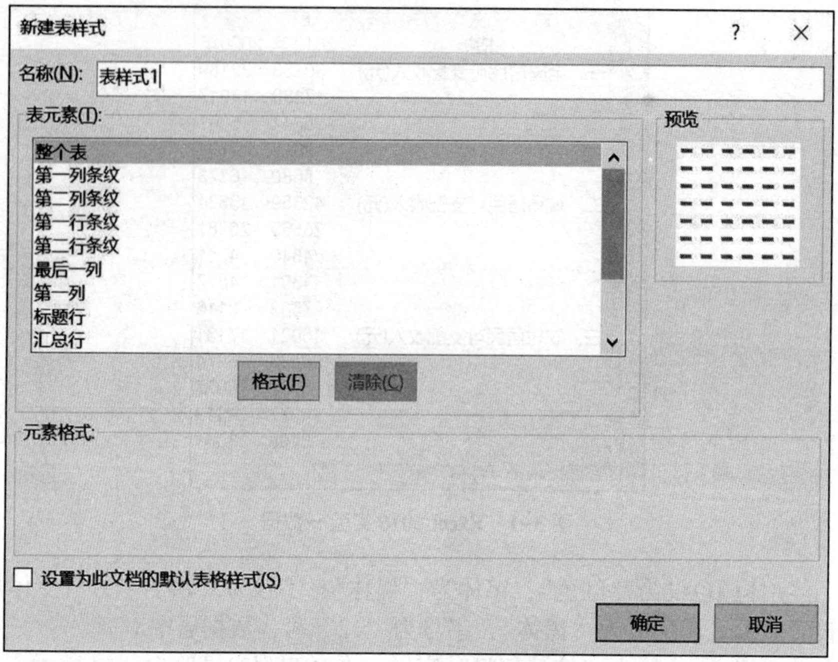

图 3-2 “新建表样式”对话框

(3) 在“设置”选项卡的“验证条件”组中的“允许”下拉列表中选择“序列”命令，在“来源”文本框中输入“1. 工资性收入，2. 经营净收入，3. 财产净收入，4. 转移净收入”(注意：逗号请使用西文逗号)。

(4) 在数据表的下拉列表中，如图 3-4 所示，对照样张填写指标类型。

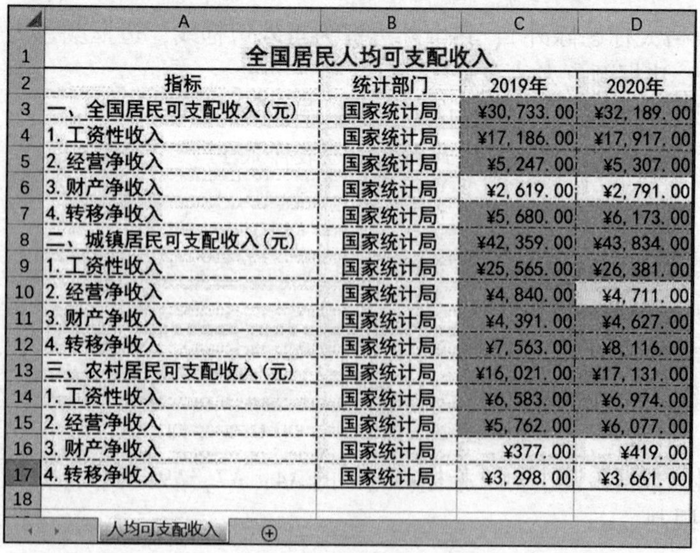

	A	B	C	D
1	全国居民人均可支配收入			
2	指标	统计部门	2019年	2020年
3	一、全国居民可支配收入(元)	国家统计局	¥30, 733. 00	¥32, 189. 00
4	1. 工资性收入	国家统计局	¥17, 186. 00	¥17, 917. 00
5	2. 经营净收入	国家统计局	¥5, 247. 00	¥5, 307. 00
6	3. 财产净收入	国家统计局	¥2, 619. 00	¥2, 791. 00
7	4. 转移净收入	国家统计局	¥5, 680. 00	¥6, 173. 00
8	二、城镇居民可支配收入(元)	国家统计局	¥42, 359. 00	¥43, 834. 00
9	1. 工资性收入	国家统计局	¥25, 565. 00	¥26, 381. 00
10	2. 经营净收入	国家统计局	¥4, 840. 00	¥4, 711. 00
11	3. 财产净收入	国家统计局	¥4, 391. 00	¥4, 627. 00
12	4. 转移净收入	国家统计局	¥7, 563. 00	¥8, 116. 00
13	三、农村居民可支配收入(元)	国家统计局	¥16, 021. 00	¥17, 131. 00
14	1. 工资性收入	国家统计局	¥6, 583. 00	¥6, 974. 00
15	2. 经营净收入	国家统计局	¥5, 762. 00	¥6, 077. 00
16	3. 财产净收入	国家统计局	¥377. 00	¥419. 00
17	4. 转移净收入	国家统计局	¥3, 298. 00	¥3, 661. 00
18				

图 3-3 格式设置样张

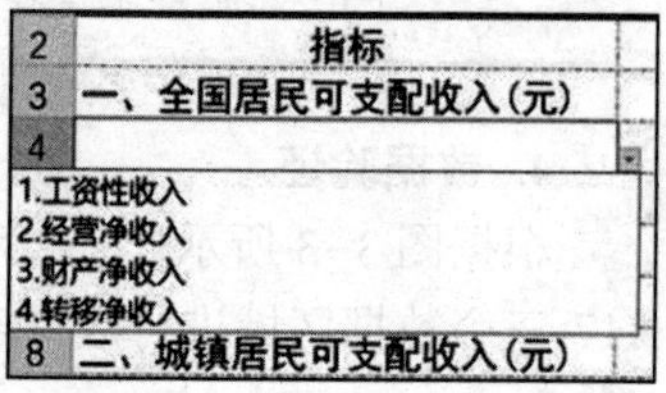

图 3-4 “数据验证”序列

5. 使用条件格式对满足条件的单元格进行设置

(1) 将相同行中 2020 年小于 2019 年的数据用红色填充标识出来。

【提示】

(1) 在数据表区域中选中 D3：D17，单击“开始”选项卡的“样式”组中的“条件格式”按钮。

(2) 在下拉列表中选择“新建规则”命令，弹出“新建格式规则”对话框。

(3) 在“选择规则类型”列表框中选择“使用公式确定要设置格式的单元格”，在“为符合此公式的值设置格式”文本框中输入“=C3>D3”，如图 3-5 所示，单击“格式”按钮。

(4) 在“设置单元格格式”对话框中，设置“黄色”填充。

图 3-5　“新建格式规则”对话框

(2) 在 C 列和 D 列中将大于 4 000 的数据用浅红填充色深红色文本标识出来，若单元格的条件格式设置与第 (1) 步要求有冲突，则以第 (1) 步的设置要求为单元格格式要求。

【提示】

(1) 在数据表区域中选中 C3：D17，单击“开始”选项卡的“样式”组中的“条件格式”按钮。

(2) 在下拉列表中选择“突出显示单元格规则”→“大于（G）”命令，弹出“大于”对话框。

(3) 在“为大于以下值的单元格设置格式”文本框中修改数值为“￥4000.00”，并在“设置为”下拉列表中选择设置的格式，如图 3-6 所示。

(4) 在数据表区域中选中 C3：D17，单击“开始”选项卡的“样式”组中的“条件格式”按钮。

图 3-6 “大于”对话框

（5）在下拉列表中选择“管理规则”命令，弹出“条件格式规则管理器”对话框。

（6）选中第（1）步中设置的规则，单击“▲”按钮，如图 3-7 所示，单击“确定”按钮。

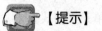

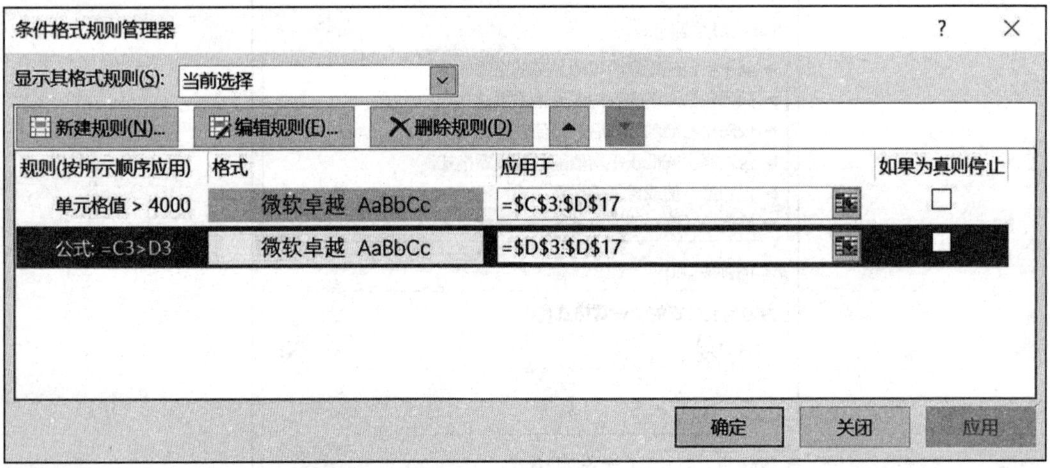

图 3-7 “条件格式规则管理器”对话框

6. 设置页眉、页脚

为工作表设置页眉、页脚。在右侧页脚插入计算机系统当前时间，在中间页眉插入“云南大学滇池学院”字样。

【提示】

（1）在“插入”选项卡的“文本”组中单击“页眉和页脚”按钮。

（2）页面进入“分页预览”视图，在工作表中页眉和页脚都分为左、中、右，选择右侧页脚。

（3）在“页眉和页脚工具—设计”选项卡的“页眉和页脚元素”组中单击“当前时间”按钮，页脚出现“&［时间］”字样。

（4）选择中间页眉并输入“云南大学滇池学院”。

（5）单击数据表中任意单元格，在“视图”选项卡的“工作簿视图”组中，单击“普通视图”按钮。

7. 打印设置

第一行和第二行设置为打印标题，数据区域 A1：D17 为打印区域，打印时打印行号列标，打印顺序为先行后列，如图 3-8 所示。

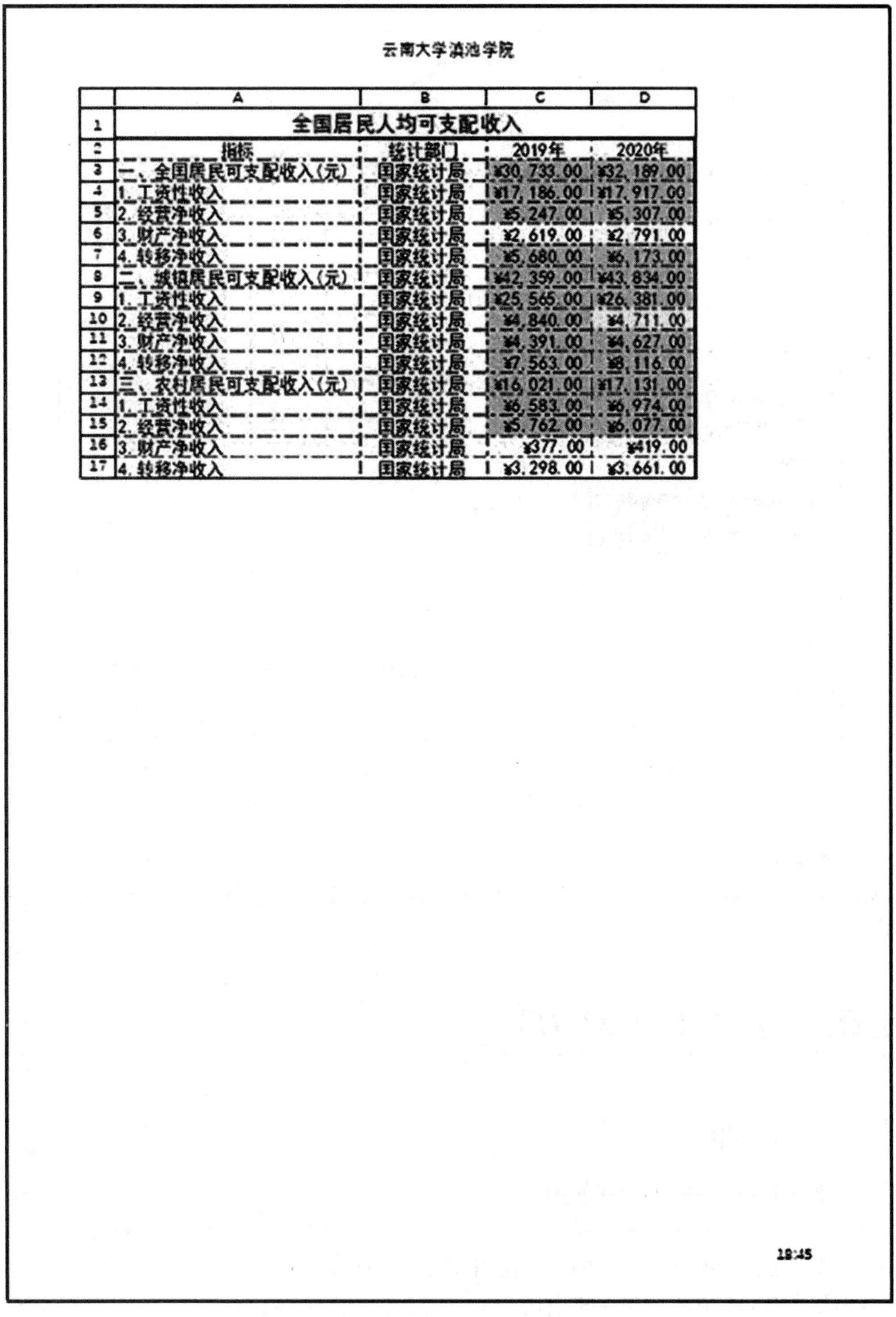

云南大学滇池学院

	A	B	C	D
1	全国居民人均可支配收入			
2	指标	统计部门	2019年	2020年
3	一、全国居民可支配收入(元)	国家统计局	¥30,733.00	¥32,189.00
4	1. 工资性收入	国家统计局	¥17,186.00	¥17,917.00
5	2. 经营净收入	国家统计局	¥5,247.00	¥5,307.00
6	3. 财产净收入	国家统计局	¥2,619.00	¥2,791.00
7	4. 转移净收入	国家统计局	¥5,680.00	¥6,173.00
8	二、城镇居民可支配收入(元)	国家统计局	¥42,359.00	¥43,834.00
9	1. 工资性收入	国家统计局	¥25,565.00	¥26,381.00
10	2. 经营净收入	国家统计局	¥4,840.00	¥4,711.00
11	3. 财产净收入	国家统计局	¥4,391.00	¥4,627.00
12	4. 转移净收入	国家统计局	¥7,563.00	¥8,116.00
13	三、农村居民可支配收入(元)	国家统计局	¥16,021.00	¥17,131.00
14	1. 工资性收入	国家统计局	¥6,583.00	¥6,974.00
15	2. 经营净收入	国家统计局	¥5,762.00	¥6,077.00
16	3. 财产净收入	国家统计局	¥377.00	¥419.00
17	4. 转移净收入	国家统计局	¥3,298.00	¥3,661.00

18:45

图 3-8　打印预览样张

【提示】

在“页面布局”选项卡的“页面设置”组中，单击“打印标题”按钮，在弹出的“页面设置”对话框中进行设置，如图 3-9 所示。

图 3-9 “页面设置”对话框

8. 保存设置

将工作簿在计算机桌面上以“学号+姓名 . xlsx”为文件名进行“另存为”操作，并提交实验结果。

实验二 公式和函数的应用

一、实验目的

（1）掌握 Excel 2016 的公式使用。
（2）掌握 Excel 2016 的函数插入。
（3）掌握 Excel 2016 的函数的合理使用。
（4）掌握 Excel 2016 的单元格引用。
（5）掌握 Excel 2016 的单元格命名。

二、实验步骤

1. 打开工作簿

打开文件名为“Excel 实验二 . xlsx”的工作簿，并将工作簿保存在桌面上。

2. 工作表格式设置

打开“Excel 实验二 . xlsx”工作簿，对工作表进行格式设置。

(1) 在数据表格 A 列右侧插入一列空白列，在数据表格第一行上方插入一行空白行。

(2) 将 A1：L1 进行单元格合并后居中，在 A1 单元格中输入“部门工资统计表”，字体颜色设置为“黑色”，字体为“宋体并加粗”，字号为“16”号。

(3) 在 A2 单元格中输入“序号”，使用填充功能将“序号”列进行填充，“填充”编号格式为“001、002…”(以 0 为开头)。

【提示】

在单元格 A3 中输入“'001”(单引号为西文符号)，按〈Enter〉键后使用“填充柄”对该数据列进行填充。

3. 工作表重命名

将工作表 Sheet1 重命名为“部门工资统计表”，工作表 Sheet2 重命名为“职称表”，工作表 Sheet3 重命名为“工资数据统计表”。

4. “部门”列填充

“部门工资统计表”的“员工编号”中第 5 位和第 6 位代表员工的工作部门，其中，“01”代表市场部，“02”代表研发部，“03”代表人事部，若为其他编号则在“部门”列填写“其他”，用函数将“部门”列填写完整。

【提示】

(1) 在“部门工资统计表”单元格 D3 中输入函数“=IF (MID (B3, 5, 2) =" 01"," 市场部", IF (MID (B3, 5, 2) =" 02"," 研发部", IF (MID (B3, 5, 2) =" 03"," 人事部"," 其他")))”。

(2) 使用“填充柄”对“部门”列进行填充。

5. 单元格区域命名

将“职称表”中 B2：C6 单元格区域命名为“职称数据”。

【提示】

选中“职称表”中 B2：C6 单元格区域，在“公式”选项卡的“定义的名称”组中单击“定义名称”按钮，在下拉列表中选择“定义名称”命令，弹出“新建名称”对话框，如图 3-10 所示，在“名称”文本框中输入“职称数据”，单击“确定”按钮。

6. 填写“职称”列

利用函数 VLOOKUP 和“职称数据”区域，将“部门工资统计表”中“职称”列填写完整。

【提示】

(1) 在“部门工资统计表”中选中 F3 单元格，在“公式”选项卡的“函数库”组中，单击“插入函数”按钮，弹出“插入函数”对话框。

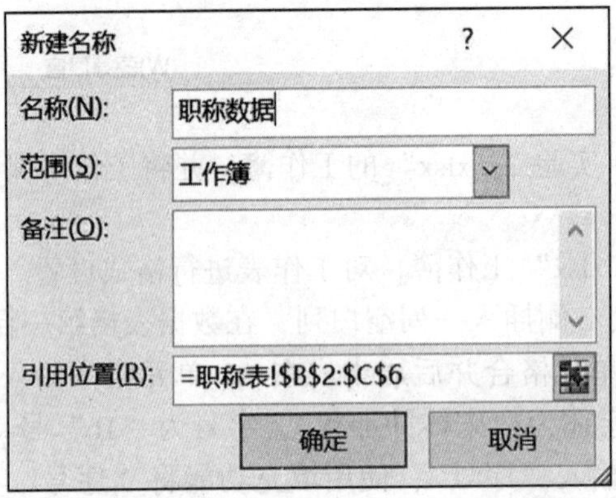

图 3-10 “新建名称”对话框

（2）在“或选择类别”下拉列表中选择“全部”命令，在“选择函数”列表框中选择“VLOOKUP”，如图 3-11 所示，单击“确定”按钮。

（3）弹出“函数参数”对话框，在对话框中输入函数参数，如图 3-12 所示，单击“确定”按钮。

（4）使用“填充柄”对“职称”列进行填充。

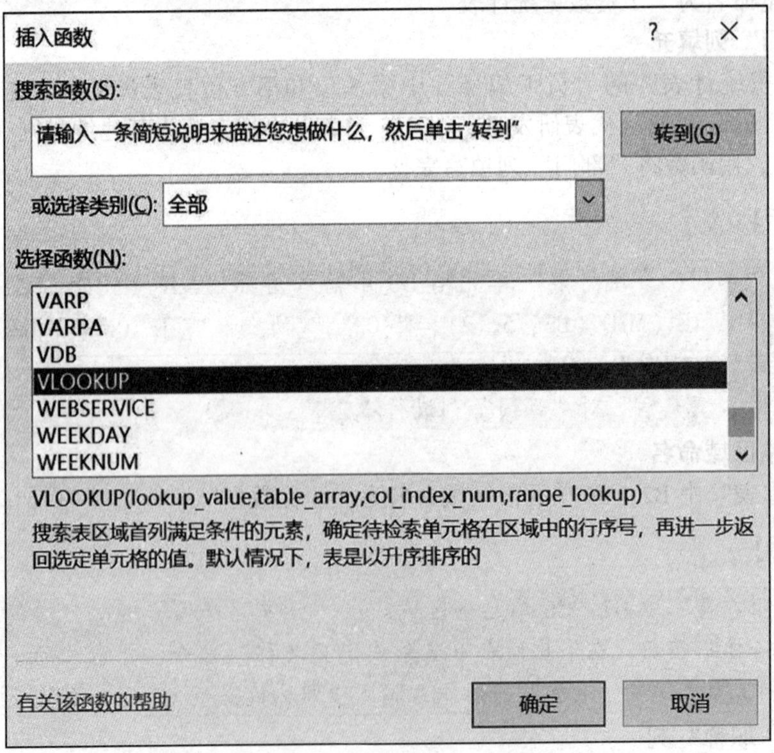

图 3-11 “插入函数”对话框

7. 计算实际工龄

利用 INT、TODAY 函数计算“部门工资统计表”中员工的实际工龄。

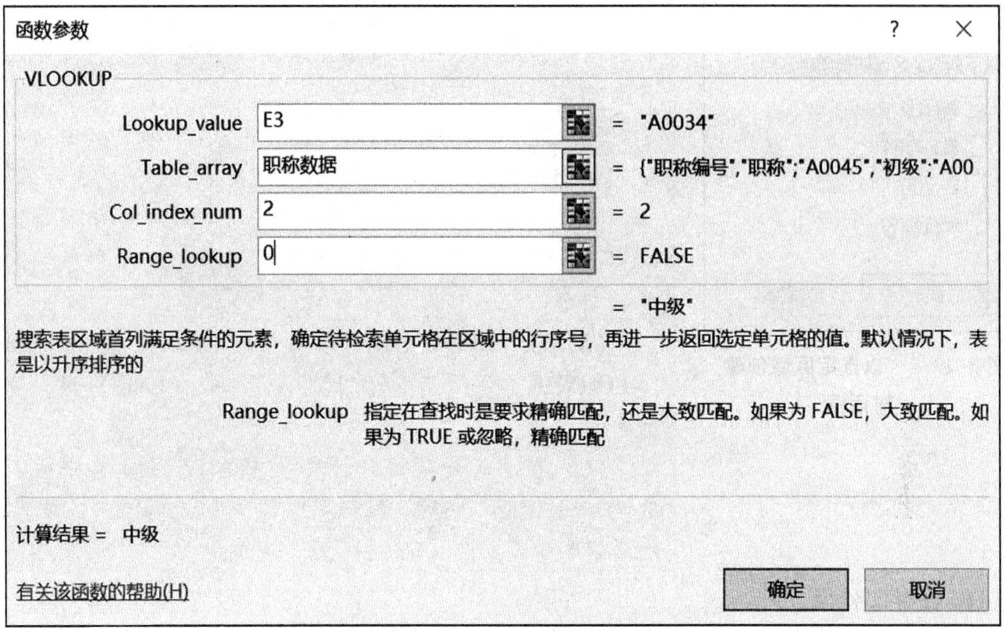

图 3-12　“函数参数”对话框

【提示】

(1) 将“工龄”列数据格式设为“常规”。

(2) 在 H3 单元格中插入函数“=INT((TODAY()-G3)/365)”，使用“填充柄”填充“工龄”列。

8. 计算应发工资

工龄工资为 80 元/年，请使用公式计算“部门工资统计表”中“工龄工资”列，并利用函数计算应发工资。

【提示】

(1) 在 J3 单元格中输入公式“=H3 * 80”，使用“填充柄”填充“工龄工资”列。

(2) 在 L3 单元格中插入函数“=SUM (I3：K3) ”，使用“填充柄”填充“应发工资”列。

9. 设置数字格式

将“部门工资统计表”中“基本工资”“工龄工资”“职称补贴”“应发工资”等列设为“货币型”，小数点后保留 2 位。

10. 工资数据统计

利用“根据所选内容创建”命令对单元格区域命名，在函数中使用定义好的名称计算“工资数据统计表”中的数据。

【提示】

(1) 选中“部门工资统计表”的 A2：L21，在“公式”选项卡的“定义的名称”组中，单击“根据所选内容创建”按钮。

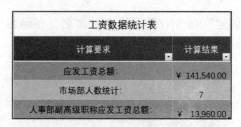

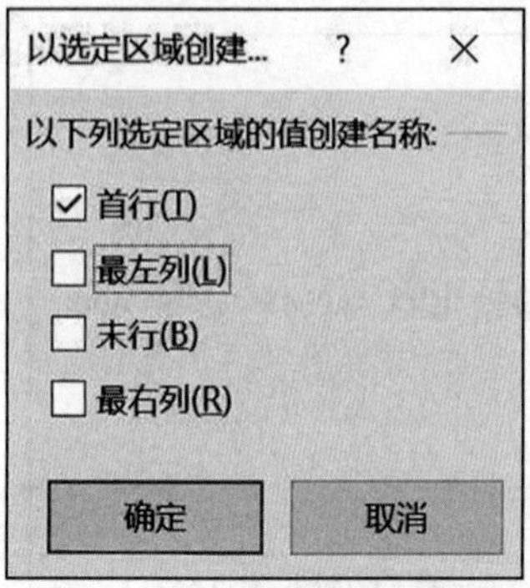

图 3-13 “以选定区域创建”对话框

（2）弹出“以选定区域创建”对话框，勾选“首行”复选按钮，如图 3-13 所示，单击“确定”按钮，完成命名操作。

（3）在“工资数据统计表”中的 C3 单元格中插入函数“=SUM（应发工资）”，按〈Enter〉键，完成计算。

（4）单击“工资数据统计表”C4 单元格右下角弹出的“自动更正选项”按钮，在下拉列表中选择“撤销列计算”命令。

（5）在“工资数据统计表”中的 C4 单元格中插入函数“=COUNTIF（部门," 市场部"）”，按〈Enter〉键，完成计算。

（6）在“工资数据统计表”中的 C5 单元格中插入函数“= SUMIFS（应发工资，部门，" 人事部"，职称，" 副高级"）”，按〈Enter〉键，完成计算。

11. 保存工作簿

将工作簿在计算机桌面上以“学号+姓名 . xlsx”为文件名进行“另存为”操作，并提交实验结果。“部门工资统计表”样张与“工资数据统计表”样张分别如图 3-14 和图 3-15 所示。

	A	B	C	D	E	F	G	H	I	J	K	L
1	部门工资统计表											
2	序号	员工编号	姓名	部门	职称编号	职称	入职时间	工龄	基本工资	工龄工资	职称补贴	应发工资
3	001	20180101	王弘晟	市场部	A0034	中级	2018年12月1日	3	¥6,500.00	¥240.00	¥1,200.00	¥7,940.00
4	002	20190101	赵毅	市场部	A0045	初级	2019年8月12日	2	¥6,500.00	¥160.00	¥900.00	¥7,560.00
5	003	20160301	郭敏	人事部	A0023	副高级	2016年3月31日	5	¥5,000.00	¥400.00	¥1,500.00	¥6,900.00
6	004	20170101	刘怡洁	市场部	A0034	中级	2017年11月15日	4	¥6,500.00	¥320.00	¥1,200.00	¥8,020.00
7	005	20200201	徐晓飞	研发部	A0045	初级	2020年2月28日	1	¥5,800.00	¥80.00	¥900.00	¥6,780.00
8	006	20180201	李志刚	研发部	A0034	中级	2018年9月23日	3	¥5,800.00	¥240.00	¥1,200.00	¥7,240.00
9	007	20170301	陈凌峰	人事部	A0034	中级	2017年6月14日	4	¥5,000.00	¥320.00	¥1,200.00	¥6,520.00
10	008	20190201	沈云秀	研发部	A0045	初级	2019年8月16日	2	¥5,800.00	¥160.00	¥900.00	¥6,860.00
11	009	20150301	王文芩	人事部	A0023	副高级	2015年10月7日	6	¥5,000.00	¥480.00	¥1,500.00	¥6,980.00
12	010	20160101	钱华	市场部	A0023	副高级	2016年11月8日	5	¥6,500.00	¥400.00	¥1,500.00	¥8,400.00
13	011	20140101	袁栋玖	市场部	A0023	副高级	2014年12月4日	7	¥6,500.00	¥560.00	¥1,500.00	¥8,560.00
14	012	20140101	薛珐	市场部	A0023	副高级	2014年10月9日	7	¥6,500.00	¥560.00	¥1,500.00	¥8,560.00
15	013	20110201	朱茗	研发部	A0010	高级	2011年11月8日	10	¥5,800.00	¥800.00	¥1,800.00	¥8,400.00
16	014	20100301	杨玲翎	人事部	A0010	高级	2010年3月12日	11	¥5,000.00	¥880.00	¥1,800.00	¥7,680.00
17	015	20180401	孙贤	其他	A0034	中级	2018年4月1日	3	¥5,300.00	¥240.00	¥1,200.00	¥6,740.00
18	016	20190501	程志翔	其他	A0045	初级	2019年6月11日	2	¥4,600.00	¥160.00	¥900.00	¥5,660.00
19	017	20200501	吴洁敏	其他	A0045	初级	2020年5月17日	1	¥5,100.00	¥80.00	¥900.00	¥6,080.00
20	018	20180201	邓素萍	研发部	A0034	中级	2018年2月10日	4	¥5,800.00	¥320.00	¥1,200.00	¥7,320.00
21	019	20120101	黄楠	市场部	A0010	高级	2012年9月18日	9	¥6,500.00	¥720.00	¥1,800.00	¥9,020.00

图 3-14 “部门工资统计表”样张

工资数据统计表	
计算要求	计算结果
应发工资总额:	¥ 141,540.00
市场部人数统计:	7
人事部副高级职称应发工资总额:	¥ 13,960.00

图 3-15 “工资数据统计表”样张

实验三　数据分析

一、实验目的

（1）掌握 Excel 2016 的表格格式设置。

（2）掌握 Excel 2016 的数据筛选和排序。

（3）掌握 Excel 2016 的图表的插入和格式化。

二、实验步骤

1. 打开工作簿

打开文件名为“Excel 实验三 . xlsx”的工作簿，并将工作簿保存在桌面上。

2. AVERAGE 函数计算

打开“Excel 实验三 . xlsx”工作簿，工作表 Sheet1 中的数据为我国 2016—2020 年普通本专科学生人数（单位：万人），请使用函数计算学生人数平均数。

（1）在 C 列左侧插入一列空白列。

（2）在 C2 单元格中输入“平均人数”字样。

（3）通过函数计算各城市 2016—2020 年普通本专科学生人数平均数。

【提示】

在 C3 单元格中输入函数“=AVERAGE（D3：H3）”，使用“填充柄”填充“平均人数”列。

3. 高级筛选

使用“高级筛选”功能，在 A40 单元格中筛选出“区域”为“华中”并且“平均人数”大于 50（万人）的城市名称、区域及平均人数结果。

【提示】

（1）在 A35 单元格中输入筛选条件，如图 3-16 所示。

（2）在“数据”选项卡的“排序和筛选”组中单击“高级”按钮，弹出“高级筛选”对话框，在对话框中进行相关设置，如图 3-17 所示，筛选结果如图 3-18 所示。

	A	B
34		
35	区域	平均人数
36	华中	>50
37		

图 3-16　高级筛选条件

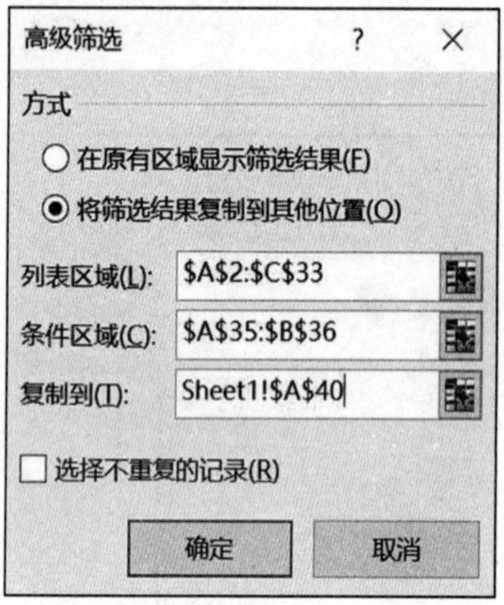

图 3-17 “高级筛选”对话框

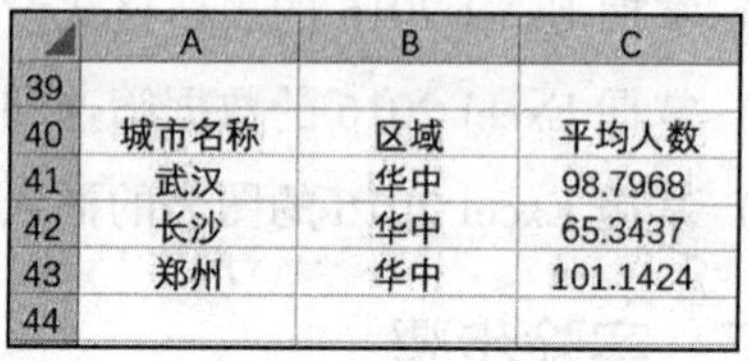

	A	B	C
39			
40	城市名称	区域	平均人数
41	武汉	华中	98.7968
42	长沙	华中	65.3437
43	郑州	华中	101.1424
44			

图 3-18 筛选结果

4. 对工作表 Sheet1 进行格式设置

（1）将工作表 Sheet1 中的 C3：H33 区域中的数据设置为“数值型”，小数点后保留 1 位。

（2）将工作表 Sheet1 中的 A2：H33 数据区域套用表格格式，样式名称为“表样式浅色 13”。

【提示】

（1）选中工作表 Sheet1 中的 A2：H33 数据区域，在“开始”选项卡的“样式”组中，单击“套用表格格式”按钮。

（2）在表格样式列表中，选择“表样式浅色 13”样式。

（3）弹出“套用表格式”对话框，如图 3-19 所示，单击“确定”按钮完成设置。

5. 分类汇总

使用“分类汇总”功能，计算 2020 年各区域的学生人数总计。

【提示】

（1）选中工作表 Sheet1 中的 A2：H33 数据区域，在“表格工具—设计”选项卡的“工具”组中，单击“转换为区域”按钮。

（2）弹出“Microsoft Excel”对话框，如图 3-20 所示，单击“是”按钮完成设置。

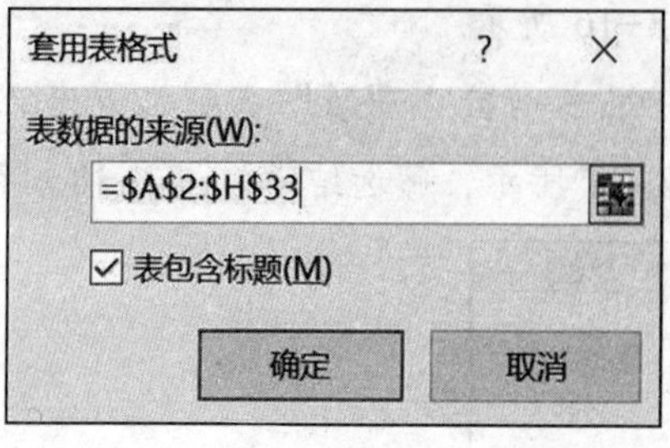

图 3-19 “套用表格式”对话框

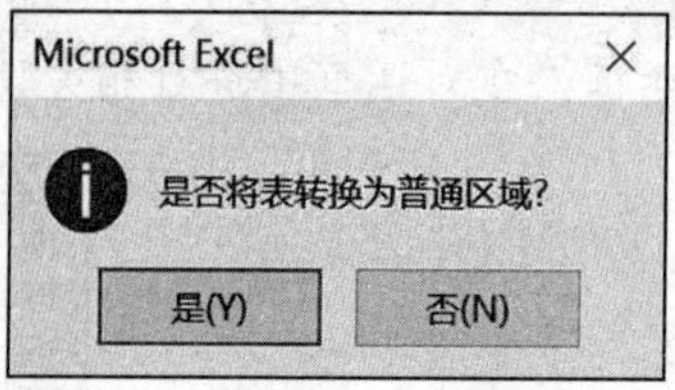

图 3-20 “Microsoft Excel”对话框

（3）在分类汇总前，需要对分类字段进行排序，否则分类汇总无效。将“区域”列进行简单排序（分类汇总结果如图 3-21 所示）。

	A	B	C	D	E	F	G	H
1	我国近5年普通本专科学生人数 单位：万人							
2	城市名称	区域	平均人数	2020年	2019年	2018年	2017年	2016年
3	沈阳	东北	41.1	44.0	42.4	39.1	39.8	40.4
4	哈尔滨	东北	56.5	59.2	58.2	50.4	50.9	63.6
5	长春	东北	45.4	48.3	46.9	44.7	43.8	43.4
6		东北 汇总		151.5				
7	呼和浩特	华北	24.2	24.9	24.3	24.0	23.9	23.8
8	石家庄	华北	40.4	58.3	53.3	0.0	46.1	44.2
9	太原	华北	46.0	48.2	50.3	44.4	44.0	43.2
10	天津	华北	53.3	57.2	53.9	52.3	51.5	51.4
11	北京	华北	59.9	60.9	60.2	59.5	59.3	59.9
12		华北 汇总		249.5				
13	杭州	华东	44.0	46.6	44.7	43.2	42.6	42.8
14	济南	华东	50.0	68.8	54.1	0.0	54.4	72.6
15	福州	华东	33.1	36.4	34.0	32.0	31.4	31.7
16	南京	华东	81.4	91.8	87.8	72.7	72.2	82.8
17	上海	华东	52.3	54.1	52.7	51.8	51.5	51.5
18	合肥	华东	52.4	58.6	53.6	49.7	50.3	50.0
19	南昌	华东	63.0	68.8	63.0	61.1	61.0	61.2
20		华东 汇总		425.0				
21	南宁	华南	46.6	56.9	48.7	44.9	42.6	40.1
22	海口	华南	14.1	15.7	13.9	15.1	12.7	13.3
23	广州	华南	113.4	130.7	115.3	108.6	106.7	105.7
24		华南 汇总		203.2				
25	武汉	华中	98.8	106.7	100.7	96.9	94.8	94.9
26	长沙	华中	65.3	69.7	66.6	70.4	61.0	59.0
27	郑州	华中	101.1	116.0	107.9	99.3	93.5	88.9
28		华中 汇总		292.5				
29	银川	西北	10.7	12.0	11.1	10.4	10.2	9.9
30	西宁	西北	7.2	8.3	6.7	6.4	7.4	7.1
31	乌鲁木齐	西北	20.6	23.8	21.2	21.3	19.4	17.4
32	西安	西北	78.5	78.4	87.1	71.3	72.7	83.2
33	兰州	西北	38.3	39.1	35.8	33.7	40.6	42.5
34		西北 汇总		161.6				
35	贵阳	西南	39.7	44.0	41.1	37.9	35.0	40.4
36	拉萨	西南	2.6	2.3	2.1	3.1	2.0	3.7
37	重庆	西南	79.9	91.6	83.5	76.3	74.7	73.2
38	昆明	西南	56.7	69.8	62.3	54.7	50.4	46.5
39	成都	西南	85.1	92.7	87.9	84.0	81.7	79.2
40		西南 汇总		300.4				
41		总计		1783.7				

图 3-21 分类汇总结果样张

（4）选中工作表 Sheet1 中的 A2：H33 数据区域，在“数据”选项卡的“分级显示”组中单击“分类汇总”按钮，弹出“分类汇总”对话框，对各项进行设置，如图 3-22 所示。

6. 插入图表

为 2020 年各区域的学生人数总计结果插入一个三维饼图表，并设置格式。

（1）将插入的图表移动到工作表 Chart1 中。

【提示】

（1）在数据表中选中相应数据，在“插入”选项卡的“图表”组中，选择“三维饼图”图表并插入。

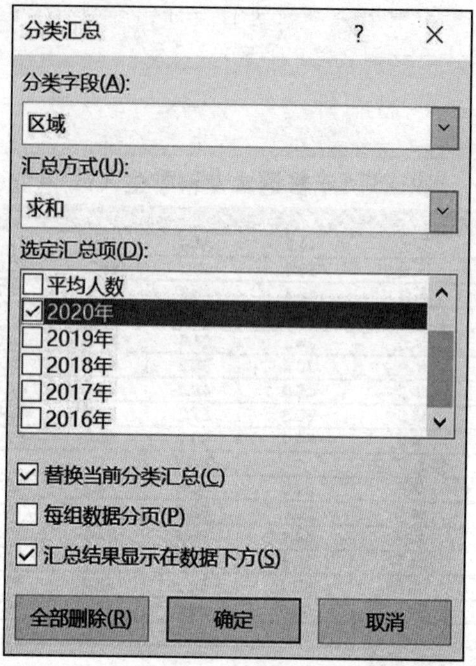

图 3-22　“分类汇总”对话框

（2）在“图表工具—设计”选项卡的“位置”组中，单击“移动图表”按钮。

（3）弹出“移动图表”对话框，点选“新工作表”单选按钮，如图 3-23 所示，单击“确定”按钮。

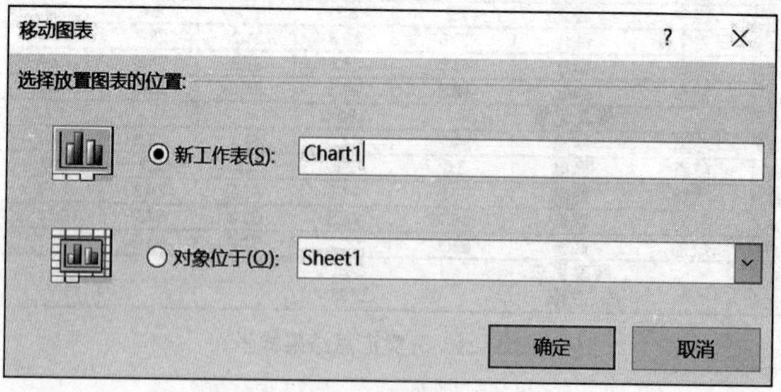

图 3-23　“移动图表”对话框

（2）将图表标题设置为“2020 年各地区学生人数占比”，字体为“黑体”，字号为“20 号”，加粗。

（3）为饼图中各系列添加数据标签，字体大小为“15”，标签位置为“数据标签外”，标签显示为“百分比”，如图 3-24 所示。图表样张如图 3-25 所示。

7. 保存文件

将工作簿在计算机桌面上以“学号+姓名 . xlsx”为文件名进行“另存为”操作，并提交实验结果。

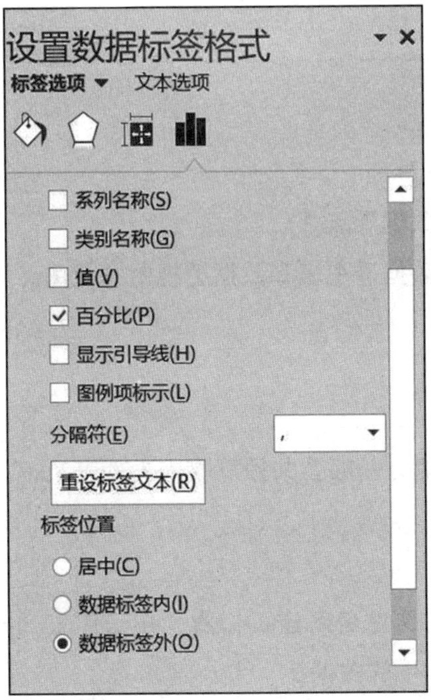

图 3-24　“设置数据标签格式”窗格

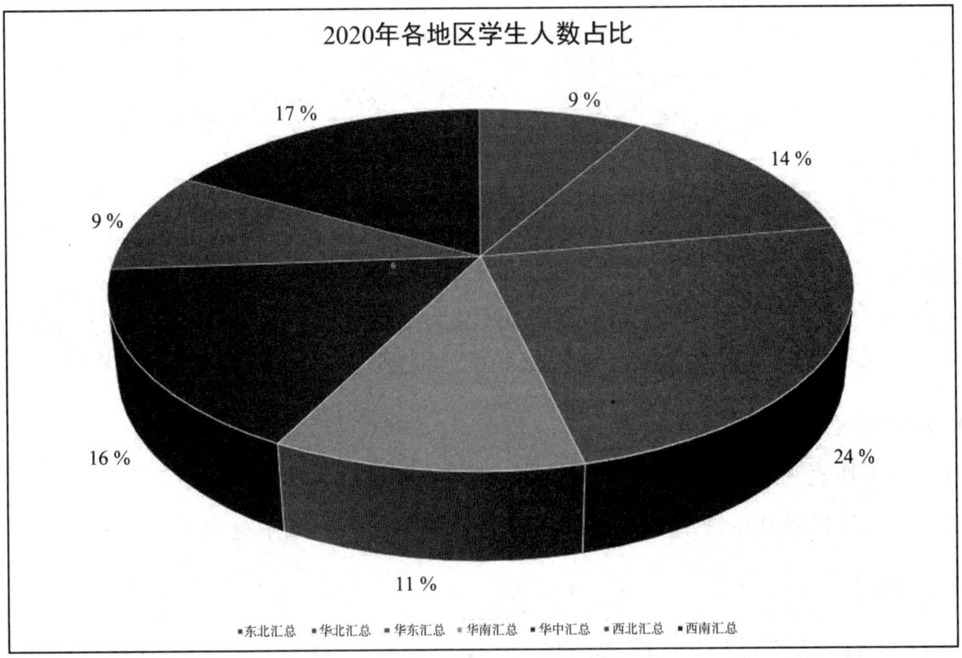

图 3-25　图表样张

实验四　综合应用

一、实验目的

（1）掌握 Excel 2016 的数据导入。

（2）掌握 Excel 2016 的数据透视表和数据透视图的使用。

二、实验步骤

1. 打开文件

打开文件名为“2020 年地方一般公共预算收入决算表 . txt”的文本文件，并将文本文件保存在桌面上。

2. 导入数据

以“学号+姓名 . xlsx”为文件名新建工作簿，在工作表 Sheet1 中导入“2020 年地方一般公共预算收入决算表 . txt”中的数据。

【提示】

（1）在“数据”选项卡的“获取外部数据”组中，单击“来自文本”按钮，在“导入文本文件”对话框中，选择文件“2020 年地方一般公共预算收入决算表 . txt”，单击“导入”按钮。

（2）弹出“文本导入向导-第 1 步，共 3 步”对话框，在“文件原始格式”下拉列表中选择“简体中文”命令，单击“下一步”按钮。

（3）在“文本导入向导-第 2 步，共 3 步”对话框中，勾选“Tab 键”复选按钮，并查看数据预览，若无误则单击“下一步”按钮。

（4）在“文本导入向导-第 3 步，共 3 步”对话框中，选择各列数据格式，并查看数据预览，若无误则单击“完成”按钮，导入结果如图 3-26 所示。

3. 对数据区域进行格式设置

（1）将工作表 Sheet1 重命名为“2020 年地方一般公共预算收入决算表”。

（2）将数据区域 A1：F22 套用表格样式，样式为“表样式中等深浅 12”。

【提示】

在弹出的“Microsoft Excel”对话框中单击“是”按钮，删除所有外部连接，如图 3-27 所示。

（3）在 D 列的右侧插入一列空白列，在 E1 单元格中输入“决算数和预算数的差额”。

	A	B	C	D	E	F
1	类别	项目	预算数	决算数	决算数为预算数的%	决算数为上年决算数的%
2	非税收入	其他收入	2500	2541.53	101.7	104.5
3	税收收入	企业所得税	13300	13168.28	99	97.4
4	税收收入	个人所得税	4235	4627.27	109.3	111.4
5	非税收入	专项收入	6850	6927.08	101.1	101.1
6	税收收入	印花税	1225	1313.8	107.2	106.5
7	税收收入	烟叶税	110	108.67	98.8	97.9
8	税收收入	车船税	895	945.41	105.6	107.3
9	税收收入	契税	6000	7061.02	117.7	113.7
10	税收收入	土地增值税	6200	6468.51	104.3	100.1
11	税收收入	资源税	1760	1706.53	97	96.5
12	税收收入	环境保护税	225	207.06	92	93.6
13	税收收入	国内增值税	28720	28438.1	99	91.2
14	税收收入	房产税	3000	2841.76	94.7	95.1
15	税收收入	耕地占用税	1380	1257.57	91.1	90.5
16	非税收入	国有资源（资产）有偿使用收入	7250	8651.94	119.3	117.8
17	税收收入	其他税收收入		22.76		57.2
18	税收收入	城市维护建设税	4270	4443.1	104.1	96.3
19	非税收入	罚没收入	2960	2969.06	100.3	101.4
20	非税收入	国有资本经营收入	960	966.06	100.6	91
21	税收收入	城镇土地使用税	2220	2058.22	92.7	93.8
22	非税收入	行政事业性收费收入	3440	3419.43	99.4	98.2
23						

图 3-26　导入数据

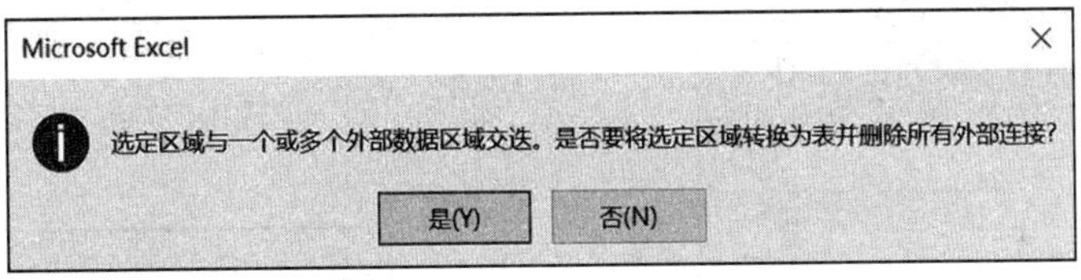

图 3-27　“Microsoft Excel”对话框

4. 使用公式计算“决算数和预算数的差额”列数据

【提示】

在 E2 单元格中输入公式“=D2-C2”，使用“填充柄”填充“决算数和预算数的差额”列。

5. 插入图表

在新工作表中插入数据透视表，利用数据透视表计算类别为“税收收入”项目的决算数总计，计算结果如图 3-28 所示，并在数据透视表下方插入一个折线图。

【提示】

(1) 在“2020 年地方一般公共预算收入决算表”中选择 A1：G22。

(2) 在“插入”选项卡的“表格”组中单击“数据透视表”按钮，将数据透视表放置到新工作表中。

(3) 在弹出的“数据透视表字段”窗格中进行设置，如图 3-29 所示。数据透视表如图 3-30 所示。

(4) 在“数据透视表工具—分析”选项卡的“工具”组中单击“数据透视图”按钮。

	A	B	C	D	E	F	G	H
1	类别	项目	预算数	决算数	决算数和预算数的差额	决算数为预算数的%	决算数为上年决算数的%	
2	非税收入	其他收入	2500	2541.53	41.53	101.7	104.5	
3	税收收入	企业所得税	13300	13168.28	-131.72	99	97.4	
4	税收收入	个人所得税	4235	4627.27	392.27	109.3	111.4	
5	非税收入	专项收入	6850	6927.08	77.08	101.1	101.1	
6	税收收入	印花税	1225	1313.8	88.8	107.2	106.5	
7	税收收入	烟叶税	110	108.67	-1.33	98.8	97.9	
8	税收收入	车船税	895	945.41	50.41	105.6	107.3	
9	税收收入	契税	6000	7061.02	1061.02	117.7	113.7	
10	税收收入	土地增值税	6200	6468.51	268.51	104.3	100.1	
11	税收收入	资源税	1760	1706.53	-53.47	97	96.5	
12	税收收入	环境保护税	225	207.06	-17.94	92	93.6	
13	税收收入	国内增值税	28720	28438.1	-281.9	99	91.2	
14	税收收入	房产税	3000	2841.76	-158.24	94.7	95.1	
15	税收收入	耕地占用税	1380	1257.57	-122.43	91.1	90.5	
16	非税收入	国有资源（资产）有偿使用收入	7250	8651.94	1401.94	119.3	117.8	
17	税收收入	其他税收收入		22.76	22.76		57.2	
18	税收收入	城市维护建设税	4270	4443.1	173.1	104.1	96.3	
19	非税收入	罚没收入	2960	2969.06	9.06	100.3	101.4	
20	非税收入	国有资本经营收入	960	966.06	6.06	100.6	91	
21	税收收入	城镇土地使用税	2220	2058.22	-161.78	92.7	93.8	
22	非税收入	行政事业性收费收入	3440	3419.43	-20.57	99.4	98.2	
23								

图 3-28 计算结果样张

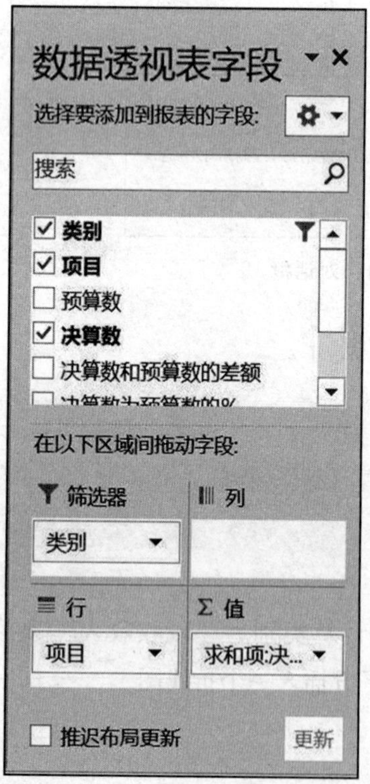

图 3-29 “数据透视表字段”窗格

	A	B
1	类别	税收收入
2		
3	行标签	求和项:决算数
4	车船税	945.41
5	城市维护建设税	4443.1
6	城镇土地使用税	2058.22
7	房产税	2841.76
8	个人所得税	4627.27
9	耕地占用税	1257.57
10	国内增值税	28438.1
11	环境保护税	207.06
12	其他税收收入	22.76
13	企业所得税	13168.28
14	契税	7061.02
15	土地增值税	6468.51
16	烟叶税	108.67
17	印花税	1313.8
18	资源税	1706.53
19	总计	74668.06

图 3-30 数据透视表

（5）插入“折线图”，并将其放置到透视表的下方。数据透视图如图 3-31 所示。

6. 保护工作表

保护工作表“2020 年地方一般公共预算收入决算表”（不要使用密码），使E2:E22 单元格区域可以被选中，但无法编辑，也无法看到其中的公式，其他单元格区域可以正常编辑。

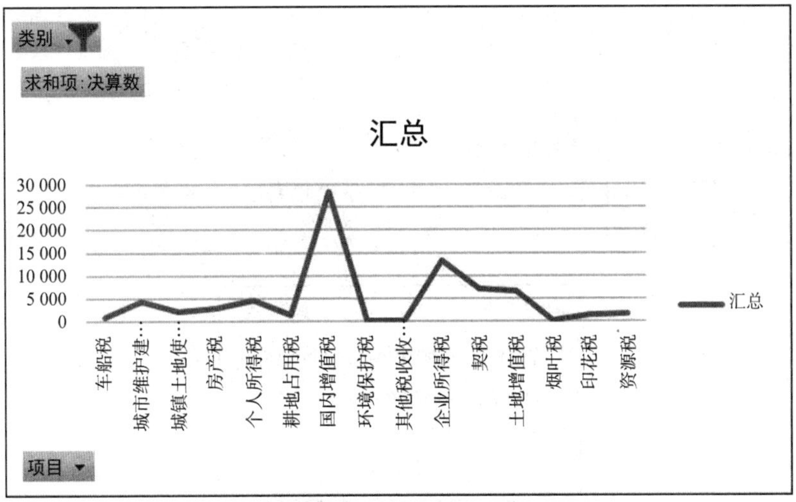

图 3-31　数据透视图

【提示】

(1) 在工作表中选中 A1：G22，右击，在弹出的快捷菜单中选择“设置单元格格式”命令。

(2) 弹出“设置单元格格式”对话框，在“保护”选项卡中取消勾选“锁定”复选按钮，如图 3-32 所示，单击“确定”按钮。

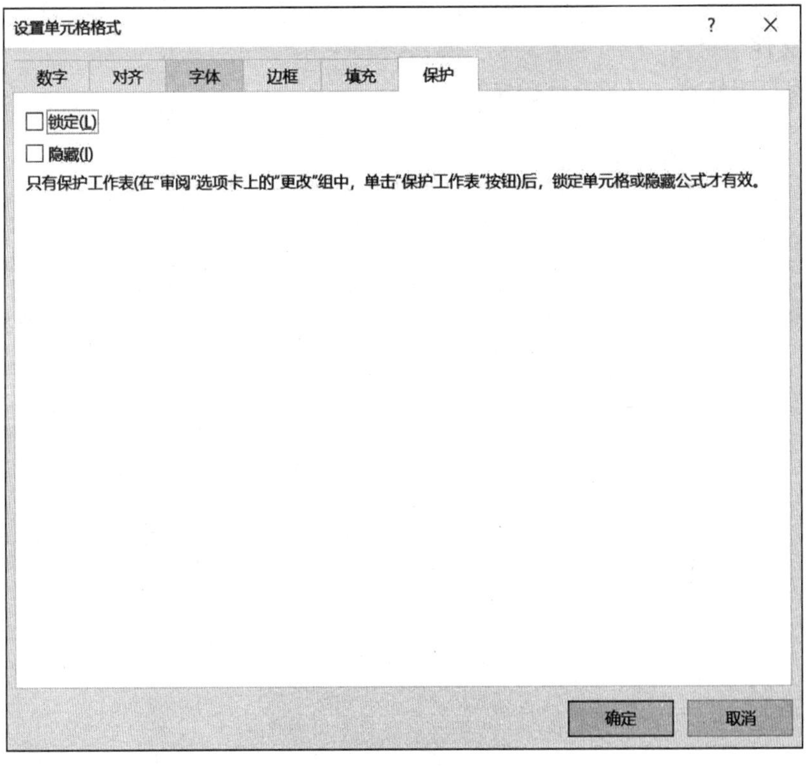

图 3-32　保护工作表

(3) 在工作表中选中 E2：E22，右击，在弹出的快捷菜单中选择“设置单元格格式”命令。

(4) 弹出“设置单元格格式”对话框，在“保护”选项卡中勾选“锁定”复选按钮及“隐藏”复选按钮，单击“确定”按钮。

(5) 在“审阅”选项卡的“更改”组中单击“保护工作表”按钮，不输入密码，如图 3-33 所示，单击“确定”按钮完成设置。

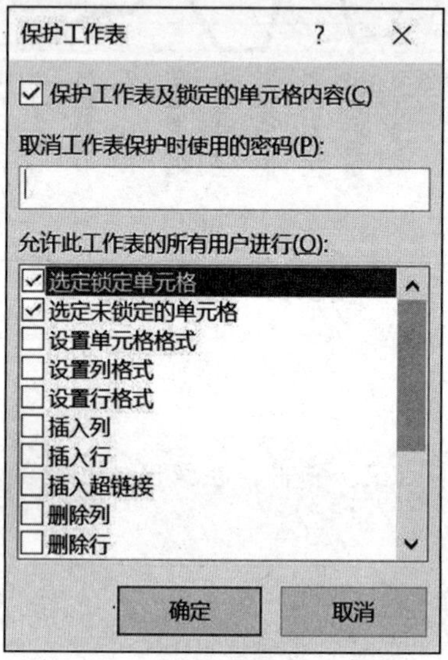

图 3-33 “保护工作表”对话框

7. 保存文件

以原名保存工作簿，并提交实验结果。

第4章

演示文稿软件 PowerPoint 2016 操作实验

实验一　简单演示文稿的制作

一、实验目的

（1）掌握幻灯片建立、保存、放映的基本方法。

（2）掌握幻灯片外观设计、对象插入及编辑。

二、实验步骤

1. 新建文件

新建空白演示文稿“实验一.pptx”，使文稿包含7张幻灯片，设计第1张为“标题幻灯片”版式，第2张为“仅标题”版式，第3~6张为“两栏内容”版式，第7张为“空白”版式。

【提示】

（1）双击打开“实验一.pptx”，在“开始”选项卡“幻灯片”组的“版式”下拉列表中，将第1张幻灯片的版式更改为“标题幻灯片”，如图4-1所示。

（2）在“开始”选项卡的“幻灯片”组中，单击“新建幻灯片”按钮，新建第2张为“仅标题”版式幻灯片，第3~6张为“两栏内容”版式幻灯片，第7张为“空白”版式幻灯片。

2. 设置背景

所有幻灯片统一设置背景，要求有预设渐变，“顶部聚光灯-个性色1”。

【提示】

在“设计”选项卡的“自定义”组中单击“设置背景格式”按钮，在窗口右侧打开“设置背景格式”窗格，选中“渐变填充”单选按钮，在“预设渐变”下拉列表的“顶部聚光灯-个性色1”效果中单击“全部应用”按钮。

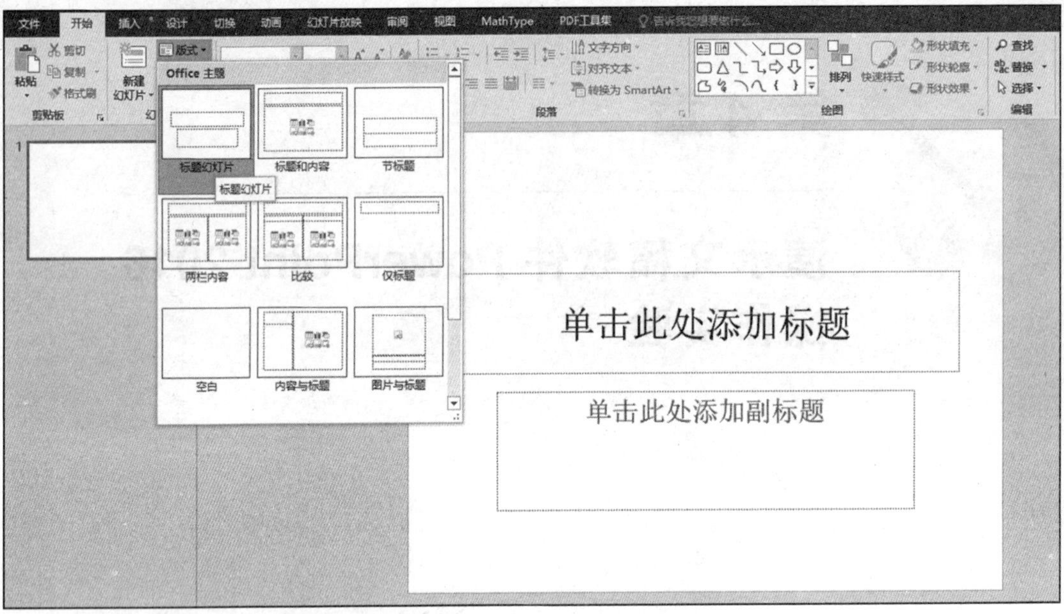

图 4-1　更改幻灯片版式

3. 对幻灯片进行格式化操作

(1) 第 1 张幻灯片标题为“计算机发展史”，副标题为“计算机发展的四个阶段”。

(2) 第 2 张幻灯片标题为“计算机发展的四个阶段”。

(3) 在标题下方空白处插入 SmartArt 图形中的垂直框列表，并在每个文本框中依次输入“第一代计算机”“第二代计算机”“第三代计算机”“第四代计算机”，更改颜色为“彩色-个性色”，更改字体为“黑体”，字号为“24”。

【提示】

(1) 在每个文本框中依次输入“第一代计算机”“第二代计算机”“第三代计算机”。选中第 3 个文本框，切换至“SmartArt 工具—设计”选项卡，在“创建图形”组中，单击“添加形状”按钮，并在其下拉列表中选择“在后面添加形状”命令，输入文字“第四代计算机”，如图 4-2 所示。

(2) 在“SmartArt 工具—设计”选项卡的“SmartArt 样式”组中，单击“更改颜色”按钮，在下拉列表中选择“彩色-个性色”命令，如图 4-3 所示。在“开始”选项卡的“字体”组中更改字体为“黑体”，字号为“24”。

(4) 第 3~6 张幻灯片的标题内容分别为素材中各段的标题；左侧内容为各段的文字介绍，每段设置项目符号“带填充效果的大方型项目符号”，右侧插入实验一文件夹中相应的图片，第 6 张幻灯片需要插入两张图片，分别是“第四代计算机-1. JPG”“第四代计算机-2. JPG”。

【提示】

(1) 打开“ppt-素材 . docx”，复制文档内容，采用“只保留文本”方式粘贴到第 3~6 张幻灯片中，标题内容分别为素材中各段的标题；左侧内容为各段的文字介绍。

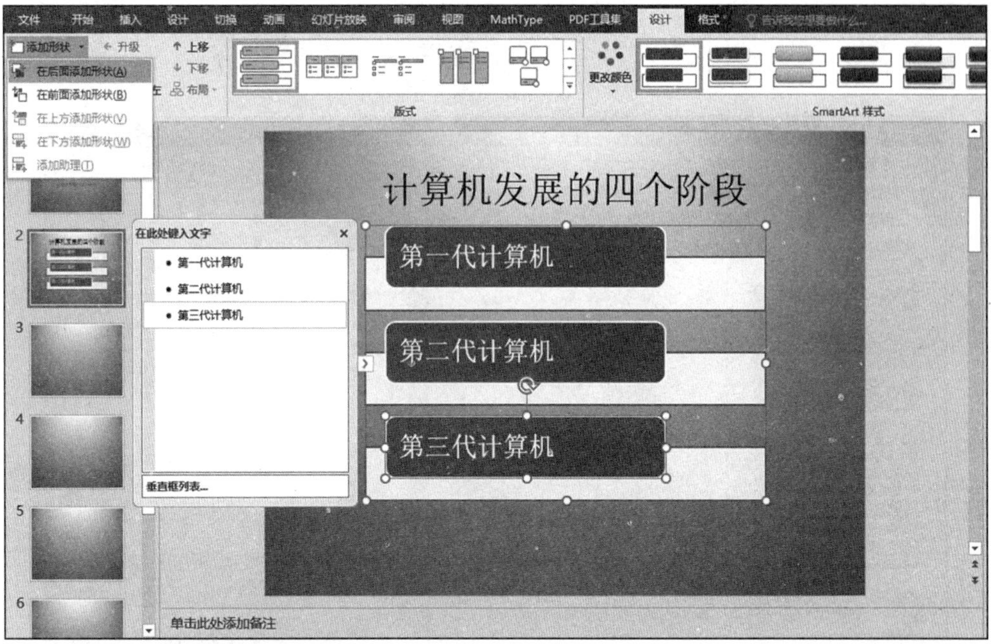

图 4-2　添加 SmartArt 中的形状

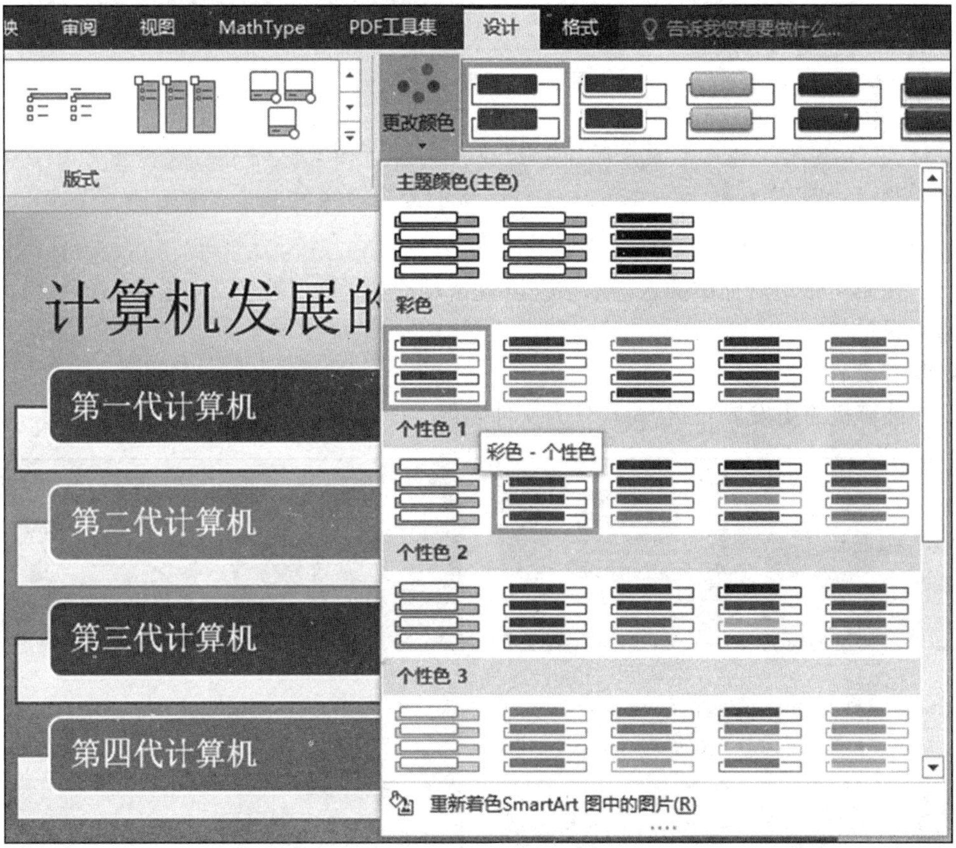

图 4-3　更改 SmartArt 颜色

（2）选中文字介绍，应用“开始”选项卡的“段落”组中“项目符号”下拉列表中“带填充效果的大方形项目符号”效果，如图 4-4 所示。

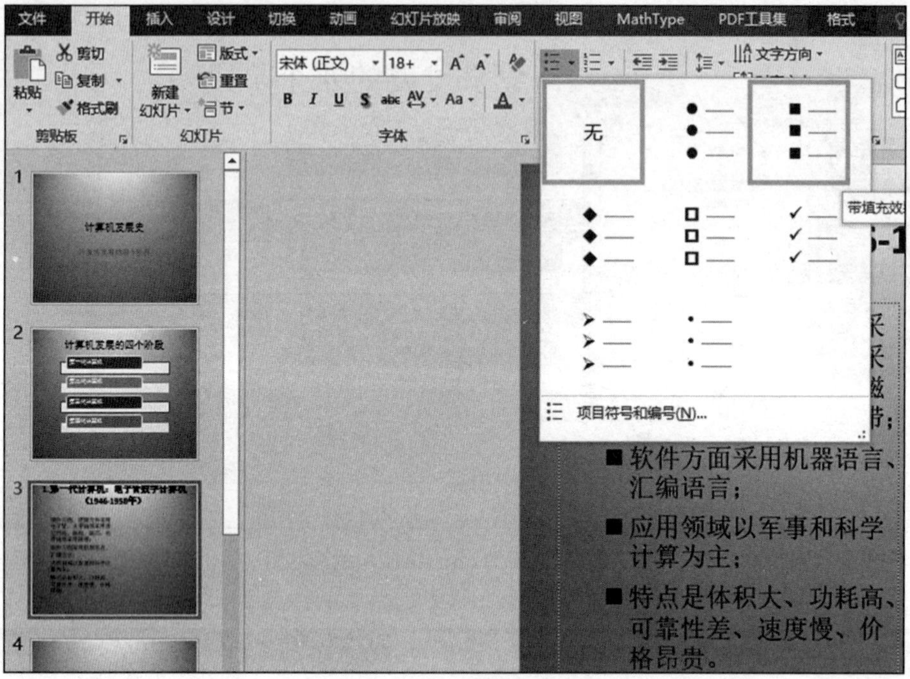

图 4-4　设置项目符号

（3）在“插入”选项卡的“图像”组中，单击“图片”按钮，选择图片存放位置，选择所需图片即可完成插入。在第 6 张幻灯片中插入两张图片后，拖动两张图片以调整位置。

（5）在第 7 张幻灯片中插入艺术字，设置“填充-红色，着色 2，轮廓-着色 2”，内容为“谢谢观看！”。

4. 保存文件

以“计算机简史发展介绍 . pptx”为文件名保存。示例演示文稿如图 4-5 所示。

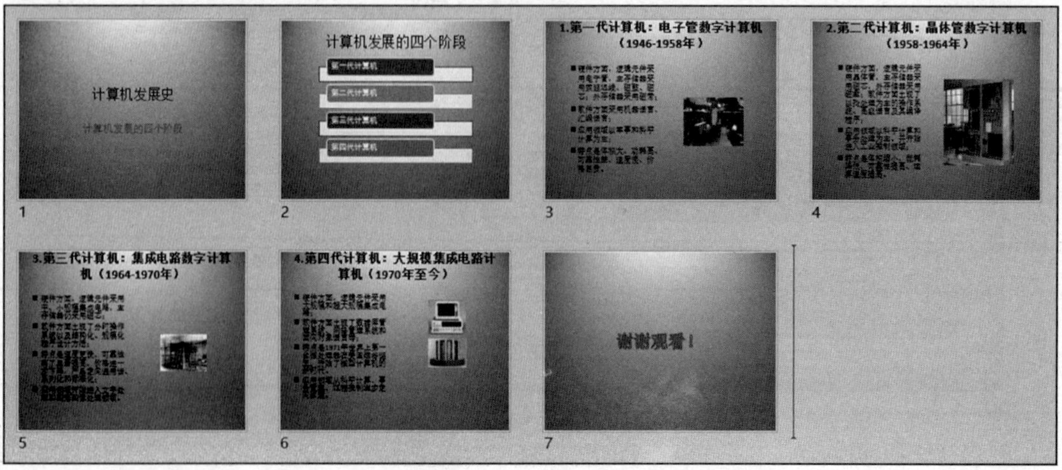

图 4-5　示例演示文稿

实验二　演示文稿的格式化及动画设置

一、实验目的

（1）掌握相册制作方法。

（2）掌握幻灯片的超链接设置方法。

（3）掌握幻灯片的动画和切换设置方法。

二、实验步骤

1. 对幻灯片进行下列设置

（1）为第 1 张幻灯片应用“标题幻灯片”版式，标题为“云南大学滇池学院”，副标题为“—个性、开放、包容、全面、共享”。

（2）为第 2 张幻灯片应用“两栏内容”版式，左边一栏为文字，右边一栏为图片，图片为实验二文件夹中的“Image1. jpg”。

（3）为第 3~9 张幻灯片均为“标题和内容”版式，“PPT 素材 . docx”文件中的黄底文字即为相应幻灯片的标题文字，并为第 3 张幻灯片的标题设置超链接，要求链接到“PPT 素材 . docx”文件。

（4）第 4 张幻灯片的内容设置为“垂直块列表”的 SmartArt 图形对象，“PPT 素材 . docx”文件中红色文字为 SmartArt 图形对象一级内容，蓝色文字为 SmartArt 图形对象二级内容。为该 SmartArt 图形设置组合图形“浮入”和“逐个”播放动画效果，并将动画的开始时间设置为“上一动画之后”。

（5）利用相册功能为实验二文件夹下的“Image2. jpg”~“Image9. jpg”这 8 张图片创建相册幻灯片，要求每张幻灯片有 4 张图片，相框的形状为“居中矩形阴影”，相册的标题为“六、图片欣赏”。将该相册的所有幻灯片复制到“PPT. pptx”幻灯片的第 10、11 张。

（6）创建好的相册另存为“相册 . pptx”到实验二文件夹中。

2. 具体步骤

（1）双击打开演示文稿“PPT. pptx”，选中第 1 张幻灯片，在“开始”选项卡的“幻灯片”组中，单击“版式”按钮，在下拉列表中选择“标题幻灯片”命令，输入标题文字为“云南大学滇池学院”并调整到合适位置，副标题文字为“—个性、开放、包容、全面、共享”。

（2）选中第 2 张幻灯片，在“开始”选项卡的“幻灯片”组中，单击“版式”按钮，在下拉列表中选择“两栏内容”命令，在标题和左边栏处，采用“只保留文本”方式粘贴相应文字，在右边栏，单击“图片”占位符，找到“image1. jpg”图片所在的位置，插入即可，如图 4-6 所示。

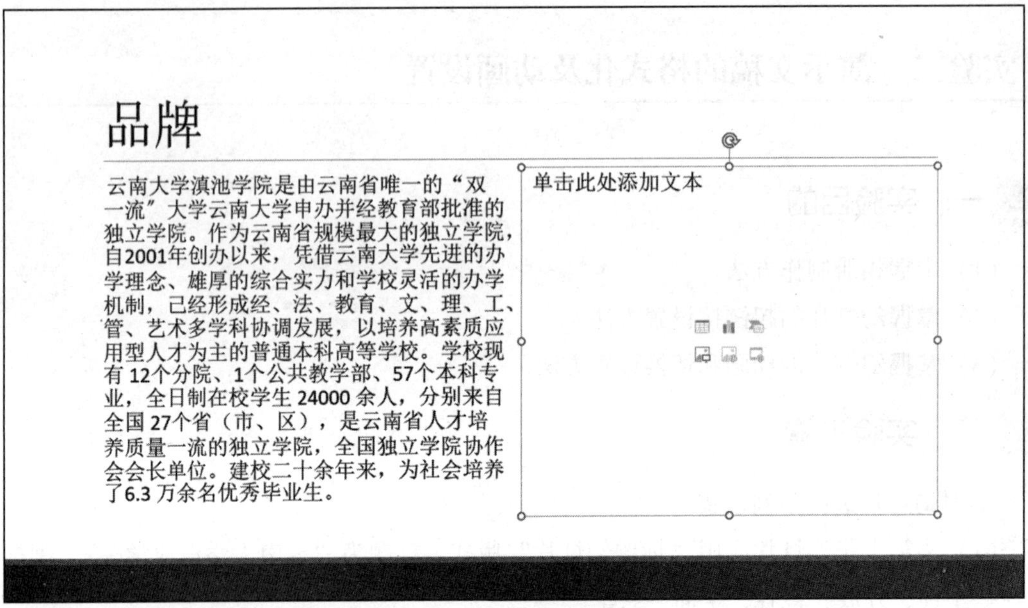

图 4–6　插入图片

（3）检查第 3~9 张幻灯片是否均为“标题和内容”版式，打开“PPT 素材 . docx”文件，将文中的黄底文字复制，采用“只保留文本”方式粘贴到相应幻灯片的标题处，将正文部分复制，采用“只保留文本”方式粘贴到标题下方的文本框处，其中第 5 张幻灯片的表格采用“保留源格式”方式粘贴。

选中第 3 张幻灯片的标题，在“插入”选项卡的“链接”组中，单击“超链接”按钮，在弹出的“超链接”对话框中，选择“现有文件或网页”的“当前文件夹”下的“PPT 素材 . docx”文件，如图 4–7 所示。

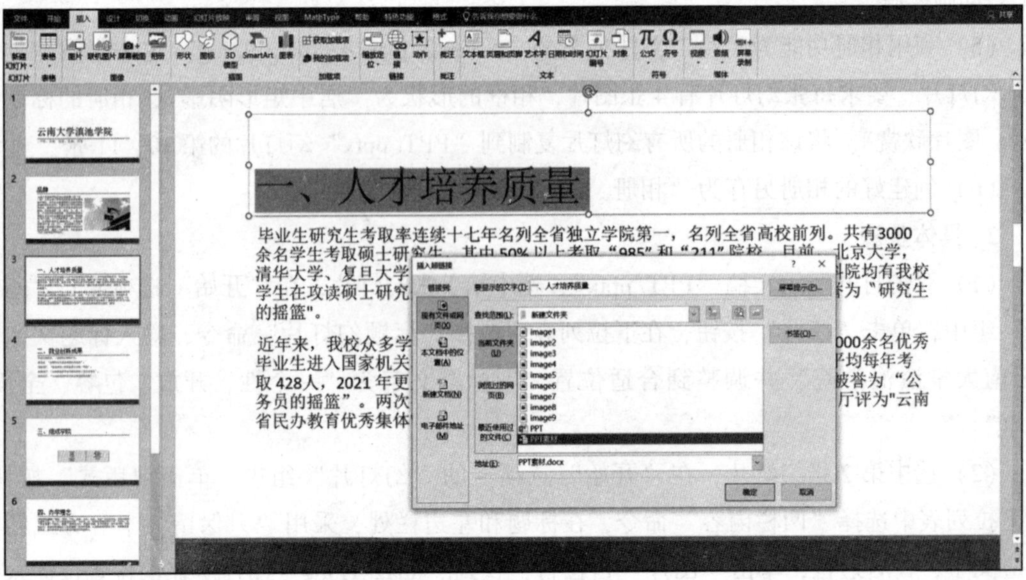

图 4–7　插入超链接

（4）将“PPT 素材 . docx”文件中对应的红色文字与蓝色文字中存在的逗号删除，再按〈Tab〉键，将对应文本作降级处理，如图 4-8 所示。

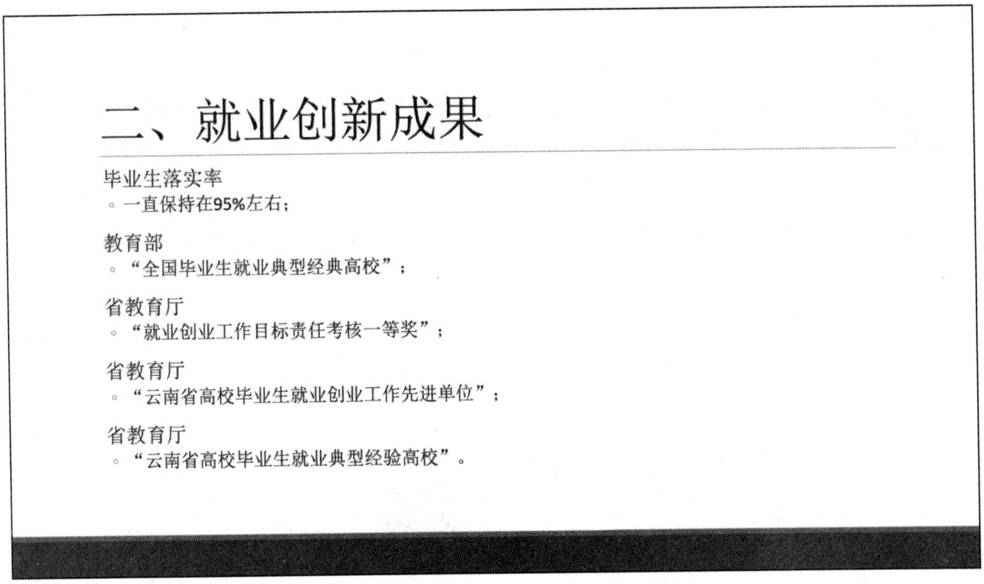

图 4-8　处理文字级别

全选文本框中的内容，右击，在快捷菜单中选择“转换为 SmartArt 图形”→“其他 SmartArt 图形”命令，在弹出的“选择 SmartArt 图形”对话框中设置“垂直块列表”对象，如图 4-9 所示。

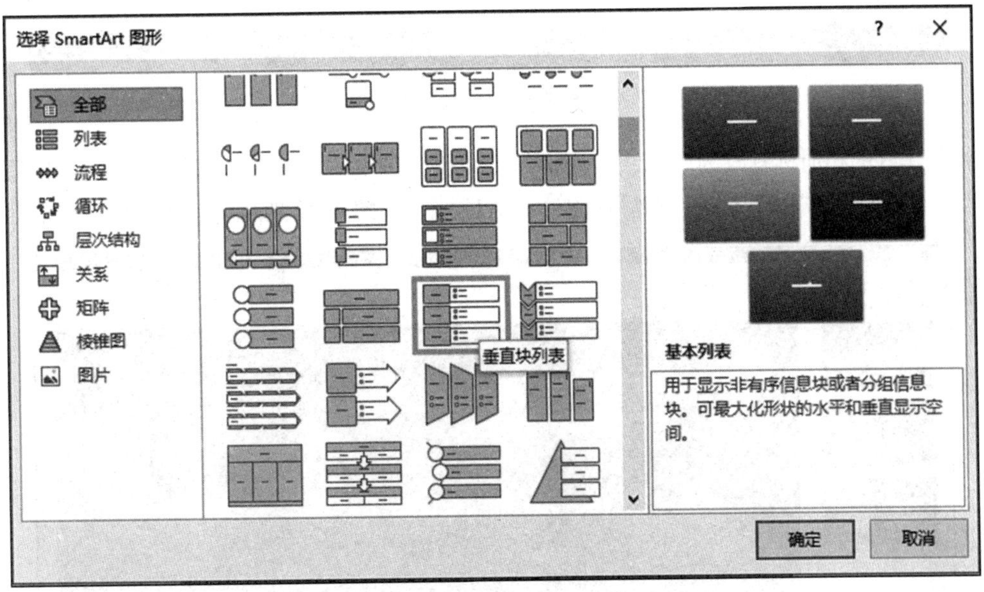

图 4-9　设置 SmartArt 图形

选中该 SmartArt 图形，在“动画”选项卡的“动画”组中设置应用“浮入”效果，在“效果选项”组中设置应用“逐个”动画效果，并在“计时”组中将动画的开始时间设置为“上一动画之后”，如图 4-10 所示。

图 4-10　为对象设置动画效果

（5）选中第 9 张幻灯片，单击“插入”选项卡“图像”组中的“相册”按钮，在下拉列表中选择“新建相册”命令，在弹出的“相册”对话框中，单击“文件/磁盘”按钮，找到实验二文件夹的位置，按住〈shift〉键选中“Image2. jpg”～“Image9. jpg”这 8 张图片，并将“图片版式”改成“4 张图片”，“相框形状”改成“居中矩形阴影”，单击“创建”按钮，如图 4-11 所示。

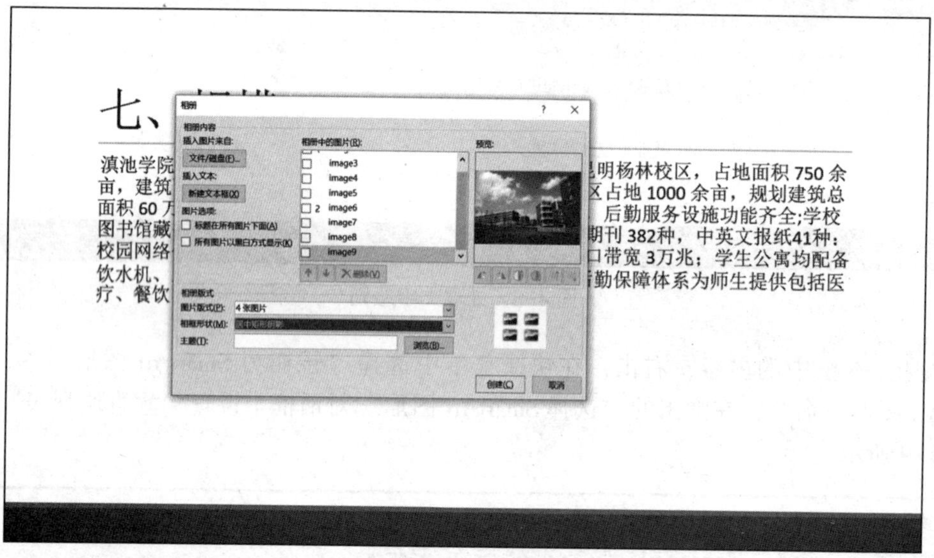

图 4-11　创建相册

将创建好的相册标题改为“八、图片欣赏”。将该相册的所有幻灯片复制，采用“使用目标主题”方式粘贴到“PPT. pptx”幻灯片的第 10、11 张。如图 4-12 所示为创建后修改的相册。

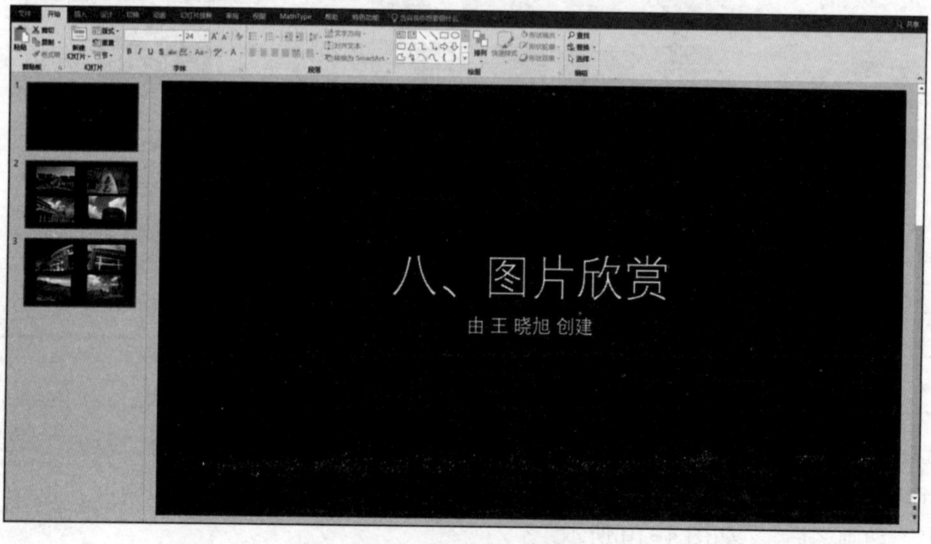

图 4-12　修改的相册

(6) 创建好的相册另存为“相册 . pptx”到实验二文件夹中，如图 4-13 所示。

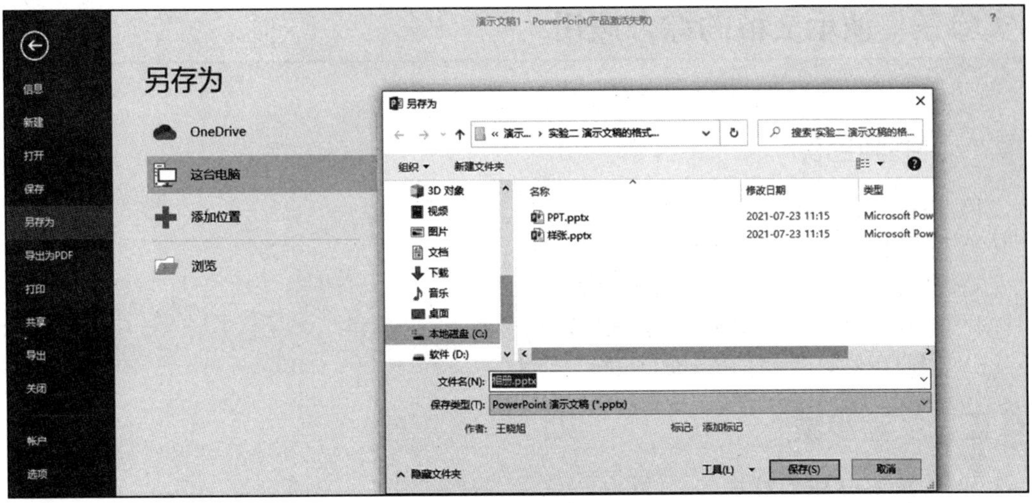

图 4-13 保存幻灯片

示例幻灯片如图 4-14 所示。

图 4-14 示例幻灯片

实验三　演示文稿的综合应用

一、实验目的

（1）掌握幻灯片的主题及母版的设置方法。
（2）掌握图、文的超链接设置方法。
（3）掌握幻灯片的动画和切换设置方法。
（4）能在幻灯片中应用 SmartArt 图形。
（5）能应用幻灯片的排练计时功能。

二、实验步骤

1. 设置第 1~3 张幻灯片

（1）为整个文档应用实验三文件夹下的自定义主题“蓝色 . thmx”。

（2）为第 1 张幻灯片应用“标题幻灯片”版式，并将黄色背景替换为透明度为 50% 的标准“蓝色”。

（3）为第 2 张幻灯片中的文本分别添加跳转到当前文档中相应幻灯片的链接。

（4）将第 3 张幻灯片的文本内容转换成一张表格，适当调整表格大小、字体和字号，设置表格样式为“不要突出显示标题行”。

【提示】

（1）将第 3 张幻灯片的文本内容复制，采用“只保留文本”方式粘贴到“实验三演示文稿的综合应用”文件夹的“新建 Microsoft Word 文档 . docx”中，使用文本转换成表格功能，将文字转换成一张表格。

（2）将表格复制粘贴到演示文稿的第 3 张幻灯片中。适当调整表格大小，设置字体为“黑体”，字号为“20”，在“表格工具—设计”选项卡的“表格样式选项”组中，取消勾选“标题行”复选按钮，如图 4-15 所示。

2. 设置第 4 张幻灯片

（1）将第 4 张幻灯片的版式设为“比较”。

（2）参照实验三文件夹下的“第 4 张幻灯片样例 . jpg”调整版式：左侧放置“公司的主要业务”内容；右侧放置“公司创立”内容，按照时间顺序将创立时间轴转换成 SmartArt 图形，并将其颜色更改为“彩色范围-个性色 2 至 3”，样式设置为“卡通”。

【提示】

（1）单击第 4 张幻灯片，在“开始”选项卡的“幻灯片”组中，单击“版式”按钮，应用“比较”版式。参照实验三文件夹中“第 4 张幻灯片样例 . jpg”，复制“公司的主要业务”内容并采用“只保留文本”方式粘贴到左侧；复制“公司创立”内容并采用“只保留文本”方式粘贴到右侧，如图 4-16 所示。

（2）全选右侧文字内容，右击，在弹出的快捷菜单中选择“转换为 SmartArt”→“其他 SmartArt 图形”命令，如图 4-17 所示，在“选择 SmartArt 图形”对话框左侧列表中选择“流程”→“圆箭头流程”图形，如图 4-17 所示。

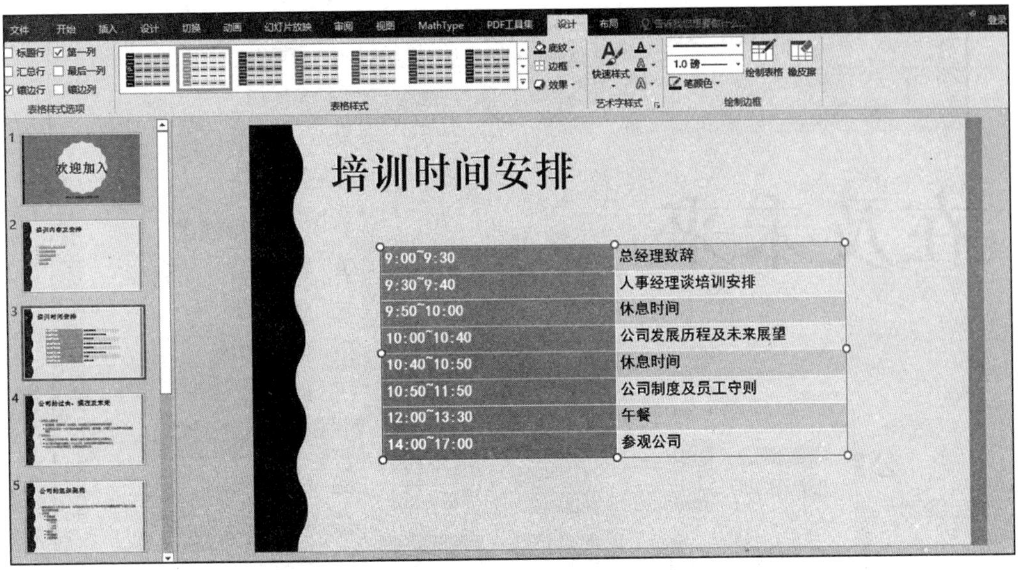

图 4-15　表格样式

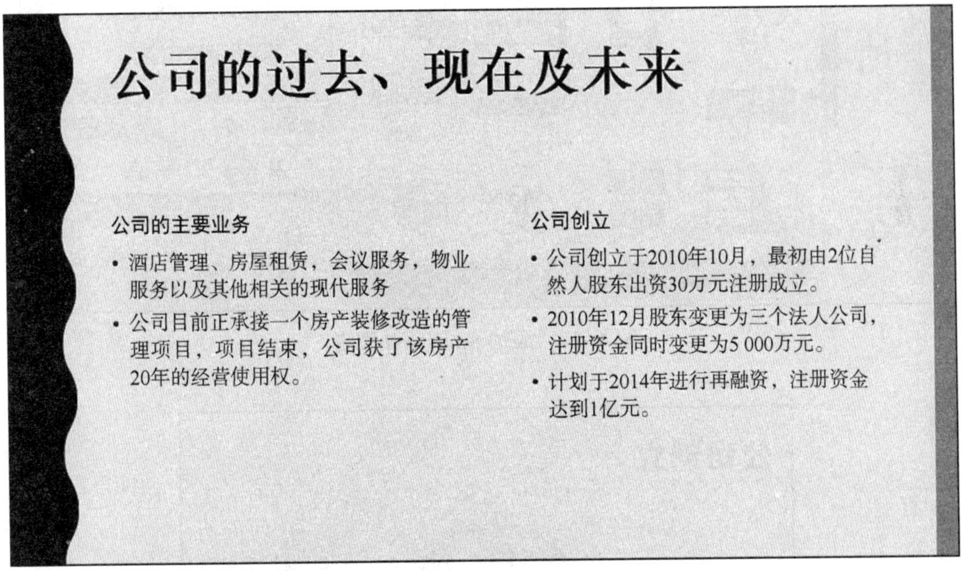

图 4-16　幻灯片版式调整文字内容

(3) 将光标定位于第一段文字“公司创立于 2010 年 10 月”前，在“SmartArt 工具”选项卡的“创建图形”组中，单击“添加形状”按钮，在其下拉列表中选择“在前面添加形状”命令；选中表示时间的文字内容“2010 年 10 月”，剪切放在刚添加的文本框中；继续将光标定位于文字“公司创立于”前，在“SmartArt 工具—设计”选项卡的“创建图形”组中，单击“降级”按钮。以此类推，调整后的 SmartArt 图形如图 4-18 所示。

(4) 在“SmartArt 工具—设计”选项卡的“SmartArt 样式”组中，单击“更改颜色”按钮，在下拉列表中选择“彩色范围-个性色 2 至 3”命令；继续在“SmartArt 样式”组中应用“卡通”三维样式。

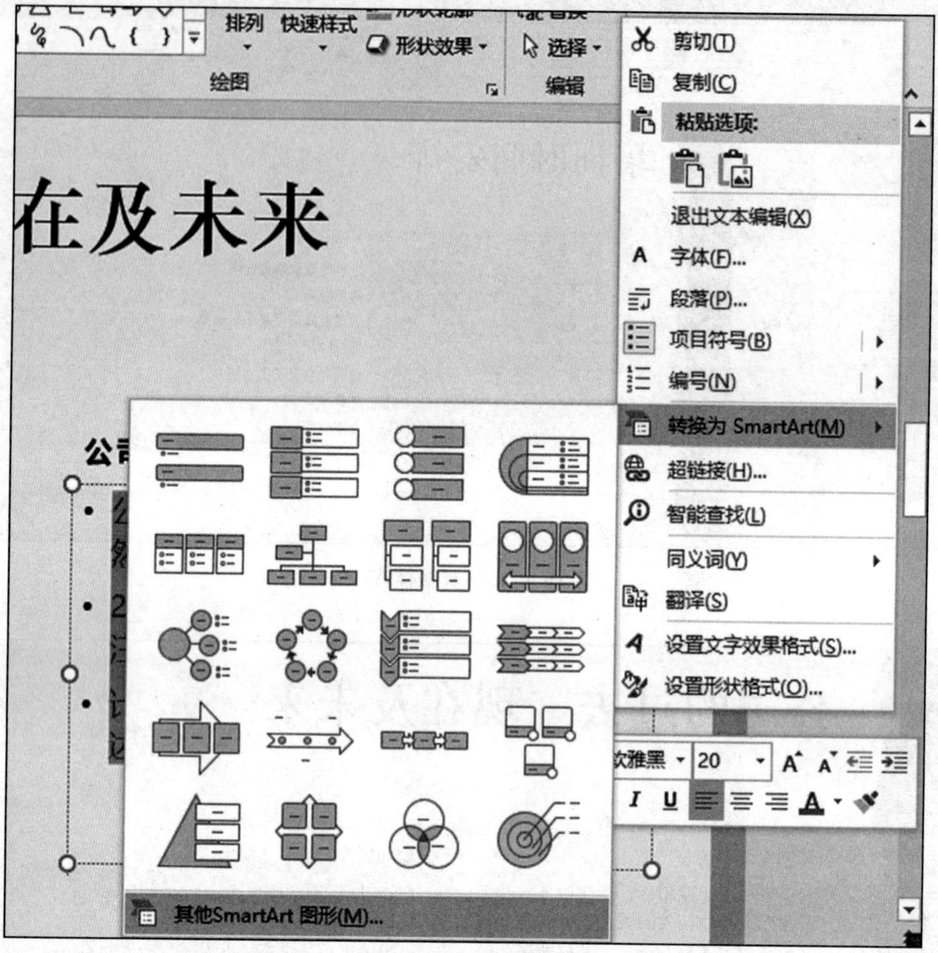

图 4-17　添加 SmartArt 图形

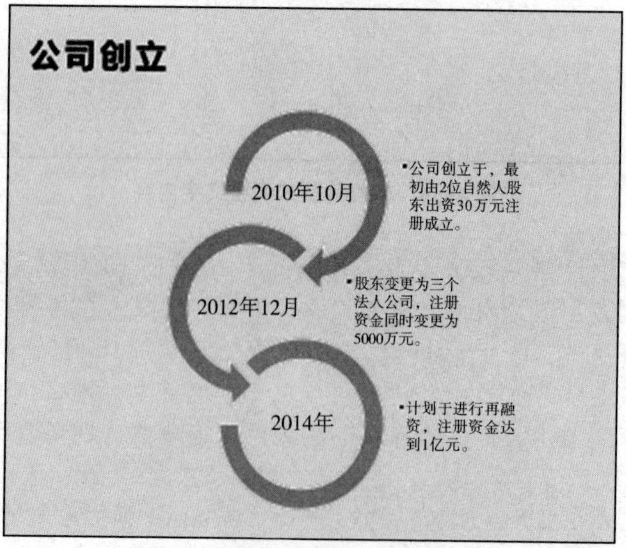

图 4-18　调整后的 SmartArt 图形

3. 设置第 5 张幻灯片

（1）为第 5 张幻灯片应用版式“内容与标题”。

（2）参照实验三文件夹下的“组织结构图样例 . jpg”，根据右下方的文字内容在左侧的内容框中创建一个组织结构图，要求其布局与样例相同，并适当改变其样式为“彩色范围－个性色 2 至 3”及颜色为“优雅”。

（3）为该组织结构图添加“自底部飞入”的动画效果，要求“逐个按级别”进入。

【提示】

（1）单击第 5 张幻灯片，在“开始”选项卡的“幻灯片”组中，单击“版式”按钮，应用“内容与标题”版式，参照样例文档“组织结构图样例 . jpg”，将文字内容“总经理……工程项目部”复制粘贴至左侧，删除“经理助理”。全选左侧内容，在“开始”选项卡的“段落”组中单击“转换为 SmartArt”按钮，在下拉列表中选择“组织结构图”命令。

（2）选中“总经理”，右击，在弹出的快捷菜单中选择“添加形状”→“添加助理”命令，并输入文字“经理助理”。

（3）在“SmartArt 工具—设计”选项卡的“SmartArt 样式”组中，单击“更改颜色”按钮，在下拉列表中选择“彩色范围－个性色 2 至 3”命令；在“SmartArt 样式”组中应用“优雅”三维样式。

（4）单击该组织结构图，在“动画”选项卡的“动画”组中应用“飞入”效果，并在“效果选项”中选择“自底部”“逐个”效果。

4. 设置第 6 张幻灯片

（1）为第 6 张幻灯片应用“两栏内容”版式，为左侧的文字“员工守则”添加超链接，链接到 Word 素材文件“员工守则 . docx”中。

（2）将“公平、公开、公正……违约责任”内容移动到右侧内容框中，并为其指定“翻转式由远及近”的动画效果，要求单击左边的内容框时，右侧的文本按段落“逐段”自动进入。

5. 设置第 7 张幻灯片

（1）为第 7 张幻灯片应用“图片与标题”版式。

（2）在左侧的图片框中插入图片“工作 . jpg”，并为其设置“纹理化”的艺术效果。

6. 设置第 8 张幻灯片

为第 8 张幻灯片应用“节标题”版式，并删除标题下方的文本框。

7. 设置水印效果

为每一张幻灯片设置同样的水印效果，水印文字为一行两列的艺术字“新世界数码”，并旋转 35°。

【提示】

（1）在“视图”选项卡的“母版视图”组中，单击“幻灯片母版”按钮，在母版样式中，选中第 1 个母版，插入一行两列艺术字“新世界数码”。

（2）在“绘图工具—格式”选项卡的“排列”组中，单击“旋转”按钮，在下拉列表中选择“其他旋转选项”命令，弹出“设置形状格式”窗格，在“旋转”文本框中输入“35°”，如图 4-19 所示。

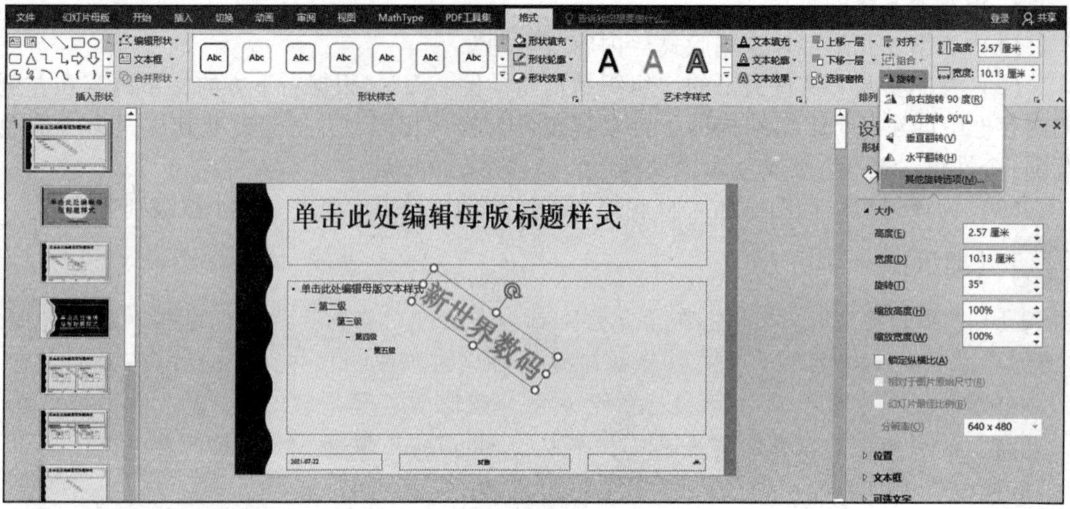

图 4-19 设置旋转度数

8. 设置切换方式

为演示文稿所有幻灯片均设置相同的“揭开”切换方式，且每张幻灯片的自动换片时间均为 5 秒。

9. 设置排练计时

为此演示文稿设置排练计时。示例幻灯片如图 4-20 所示。

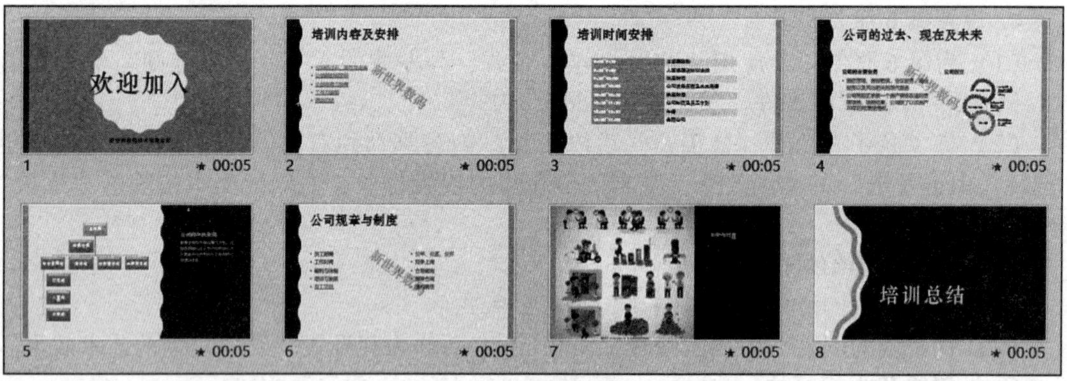

图 4-20 示例幻灯片

第 5 章

计算机网络实验

实验一　简单局域网组建实验

一、实验目的

（1）了解组建星形拓扑结构局域网的方法。
（2）熟悉组建星形拓扑结构局域网所使用的网络连接线路及设备。
（3）理解 IP 地址的作用。
（4）掌握计算机中 IP 地址的配置方法。
（5）掌握基本的网络连通测试方法。
（6）学会使用网络命令 ping、ipconfig。

二、实验步骤

本次实验，为了让学生能够真切地体会及感受现实中简单局域网的组建过程，实验需要学生使用第三方网络模拟软件 Cisco Packet Tracer 模拟搭建一个学生宿舍中常用到的星形拓扑简单局域网。该局域网由 4 台学生终端 PC 和 1 台交换机组成，其网络拓扑结构如图 5-1 所示，要求学生在网络模拟软件中根据拓扑结构组网及配置终端 PC，完成后使用 ipconfig 命令查看配置情况，并使用 ping 命令验证 4 台 PC 之间的相互连通情况。

1. 启动网络模拟软件

打开安装好的 Cisco Packet Tracer 网络模拟软件，在软件工作区中添加 4 台 PC 终端设备，1 台 24 口交换机。

【提示】

在该软件左下角的“交换机”组中添加 1 台 2950-24 交换机；在该软件左下角的“终端设备”组中添加 4 台 Generic PC。

2. 连接设备

使用 Cisco Packet Tracer 网络模拟软件中的模拟网线连接 PC 终端设备和交换机。

【提示】

在该软件左下角的“线缆”组中选择第 3 种“直通线”进行连接。

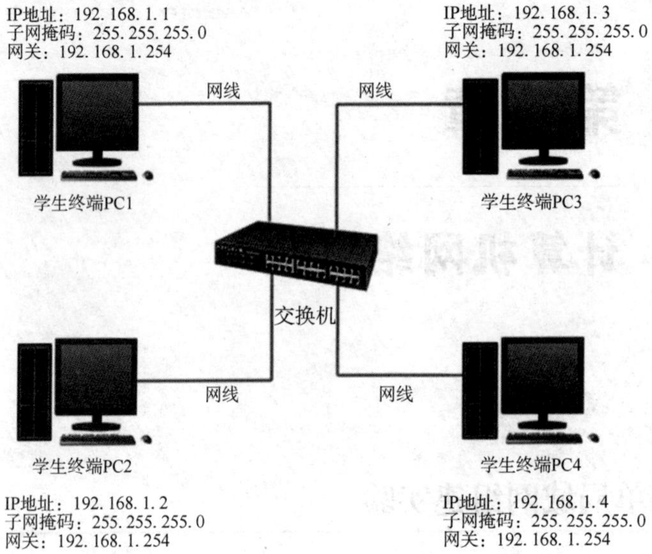

图 5-1　简单局域网组建实验网络拓扑结构

思考题 1：双绞线缆中的“直通线”和“交叉线”的区别是什么？

3. 配置

根据图 5-1 中的要求，分别配置 4 台终端 PC 的名称、IP 地址、子网掩码和网关，完成后如图 5-2 所示。

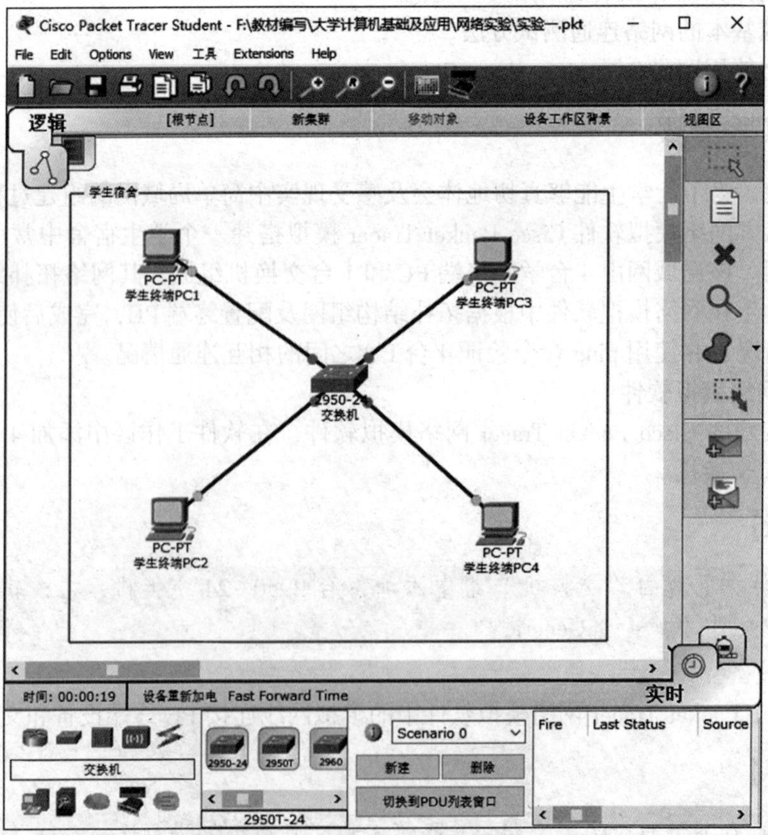

图 5-2　简单局域网配置实验完成图

【提示】

在工作区中单击终端 PC 后，在弹出的对话框中切换至“Config”选项卡，在“全局配置”→“配置”中设置终端 PC 的名称和网关，在“接口配置”→“FastEthernet0”中设置对应的 IP 地址和子网掩码。

4. 验证实验结果

（1）在每一台终端 PC 的命令行界面中，使用 ipconfig 命令查看所配置的 IP 地址、子网掩码、网关配置情况，如图 5-3 所示。

图 5-3 ipconfig 命令的使用

（2）在学生终端 PC1 的命令行界面中，使用 ping 命令测试该局域网内各终端 PC 之间的连通情况，如图 5-4 所示。

方法：ping 某台 PC 的 IP。

例如：ping 192. 168. 1. 4。

【提示】

在工作区中单击终端 PC 后，在弹出的对话框中切换至“Desktop”选项卡，单击“Command prompt”启动模拟命令行界面，在该界面中执行 ipconfig 和 ping 命令。

思考题 2：除 ping 命令外，是否还有其他测试网络连通的方法？

思考题 3：在 ping 命令格式中，ping 命令后除跟 IP 地址外，还可以跟什么？

图 5-4 ping 命令的使用

实验二 普通无线路由器配置实验

一、实验目的

(1) 了解无线局域网的组建方法。
(2) 掌握组建无线局域网所使用的网络连接线路及设备。
(3) 了解无线路由器中 LAN 接口、WAN 接口的区别。
(4) 了解无线路由器的功能。
(5) 掌握无线路由器的配置方法。
(6) 了解 DHCP 服务器的作用。
(7) 掌握 LAN 接入 Internet 的基本原理和方法。

二、实验步骤

本次实验需要使用第三方网络模拟软件 Cisco Packet Tracer 模拟局域网（Local Area Network，LAN）接入 Internet 模式。在实验中，要求学生使用模拟软件搭建一个大学宿舍的无线网络和一个简单的大学校园网络。大学宿舍的无线网络通过一个无线路由器能够让宿舍中的手机、平板电脑、笔记本电脑、终端 PC 接入该无线网络中；大学校园网络能使用 DHCP（Dynamic Host Configuration Protocol，动态主机配置协议）服务给宿舍无线网中的各设备终端自动分配 IP 地址，其网络拓扑结构如图 5-5 所示。

要求：

（1）无线名称：DormWifi。

（2）接入密码：1234567890。

（3）各设备 IP 地址：自动获取。

（4）DHCP 地址池：192. 168. 1. 100～192. 168. 1. 200。

（5）设置无线路由器为 FIT 模式（FIT 模式为只有射频和通信功能模式）。

（6）DHCP 服务器为无线局域网内的各终端设备正确分配 IP、子网掩码、网关。

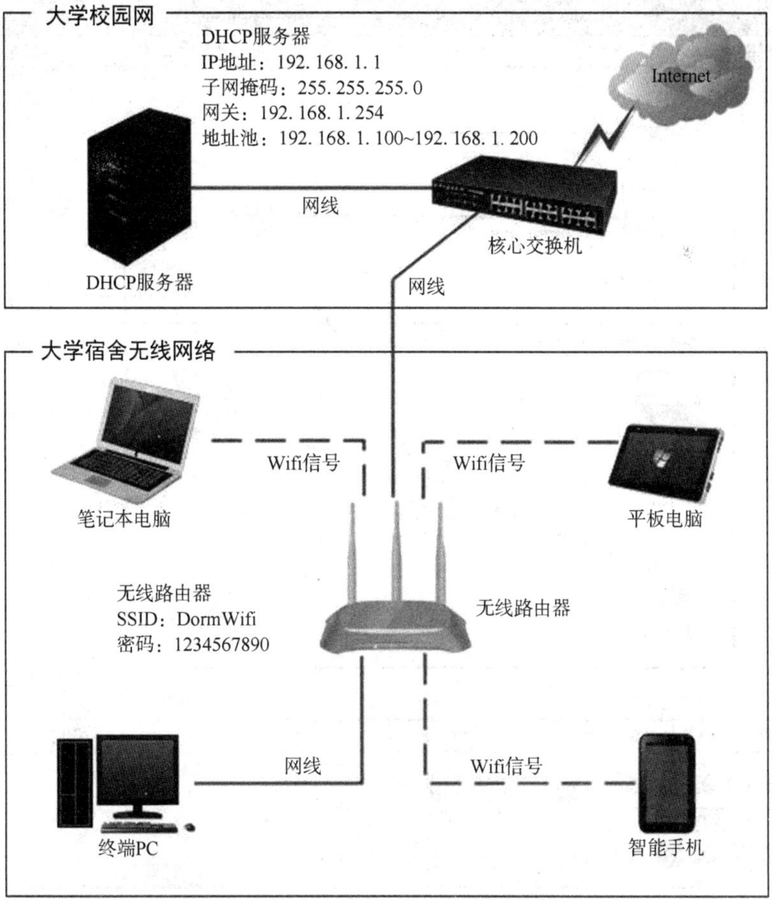

图 5-5 普通路由器配置实验网络拓扑结构

1. 启动网络模拟软件

打开 Cisco Packet Tracer 网络模拟软件，在软件工作区中添加 1 台无线路由器、1 台终端 PC、1 台平板电脑、1 部智能手机、1 台 DHCP 服务器和 1 台核心交换机，并使用矩形框标识出大学校园网和大学宿舍无线网络。

【提示】

在软件左下角的“无线设备”组中添加1台WRT300N无线路由器；在软件左下角的“终端设备”组中添加1台Generic PC、1台Generic笔记本电脑、1台WirelessTablet平板电脑、1部SmartDevice智能手机、1台Generic服务器；在软件左下角的“交换机”组中添加1台2950-24交换机。拓扑结构中的云图仅代表大学校园网已经接入了Internet，本次实验中不用添加。

2. 连接设备

使用Cisco Packet Tracer网络模拟软件中的模拟网线连接终端PC、无线路由器、DHCP服务器和核心交换机，如图5-6所示。

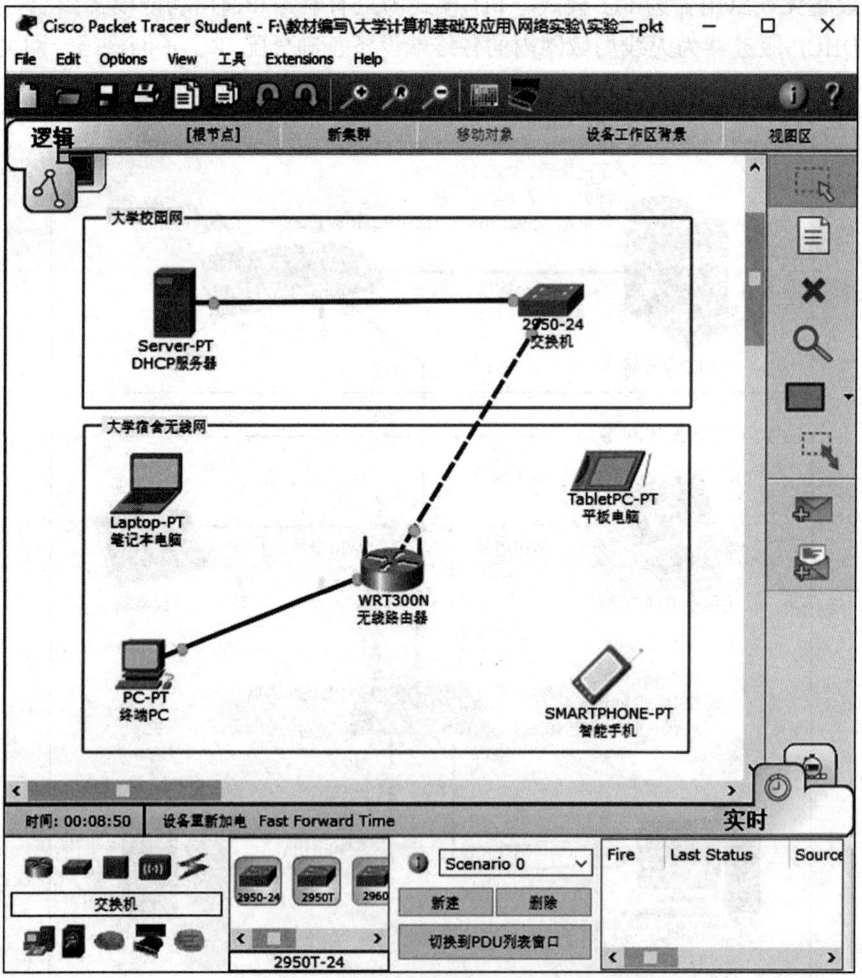

图5-6 普通路由器配置实验线路连接

【提示】

在软件左下角的“线缆”组中，使用第3种“直通线”连接无线路由器与终端PC以及核心交换机和DHCP服务器；在软件左下角的“线缆”组中，使用第4种“交叉线”连接交换机与无线路由器LAN接口；其他为无线连接。

思考题 1：无线路由器上的 LAN 接口与 WAN 接口的作用和区别是什么？

3. 配置

根据要求对无线路由器、DHCP 服务器进行配置，并设置各网络设备的名称及接入无线网络终端设备 IP 地址获取方式、SSID（即无线网络的名称）、无线连接密码等，完成后如图 5-7 所示。

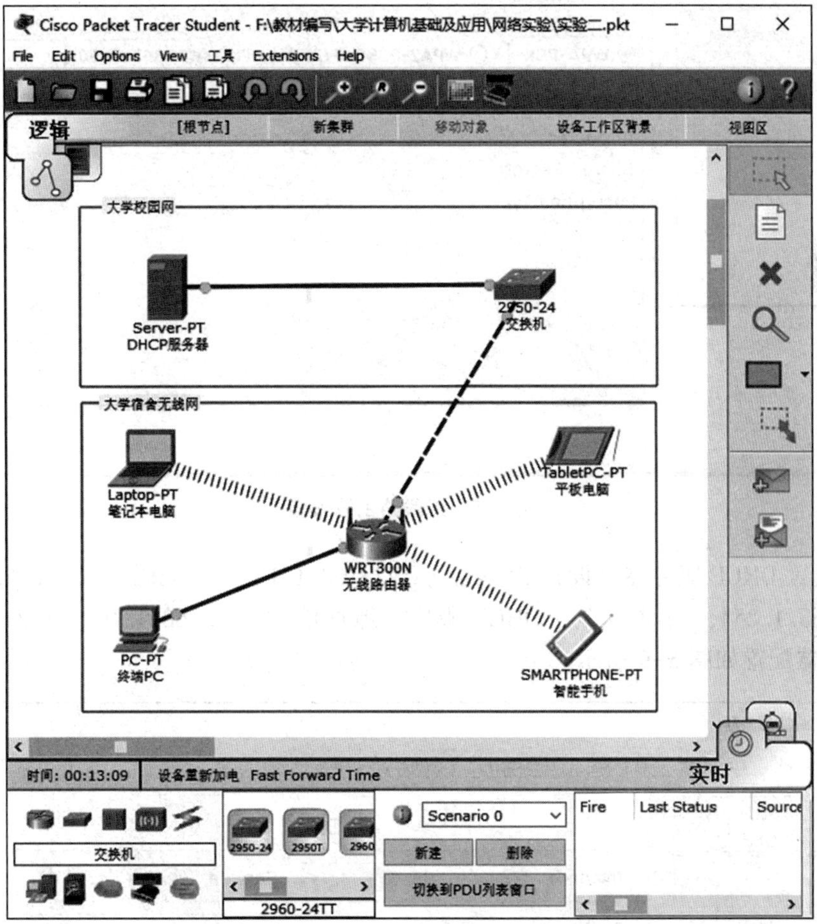

图 5-7 普通路由器配置实验完成图

（1）设置无线路由器。设置 SSID 为“DormWifi”，无线连接密码为“1234567890”，设置无线路由器为“FIT 模式”，无线路由器设置如图 5-8 所示。

【提示】

在工作区中单击无线路由器后，在弹出的对话框中切换至“Config”选项卡，在“全局配置”中设置无线路由器的名称。

在工作区中单击无线路由器后，在弹出的对话框中切换至“Config”选项卡，在“接口配置”→“无线”中按要求设置 SSID、无线连接密码（设置密码时，选择 Authentication 为 WPA-PSK）。

在工作区中单击无线路由器后，在弹出的对话框中切换至“GUI”选项卡，在“setup”中关闭无线路由器的 DHCP 功能，即设置其为 FIT 模式。

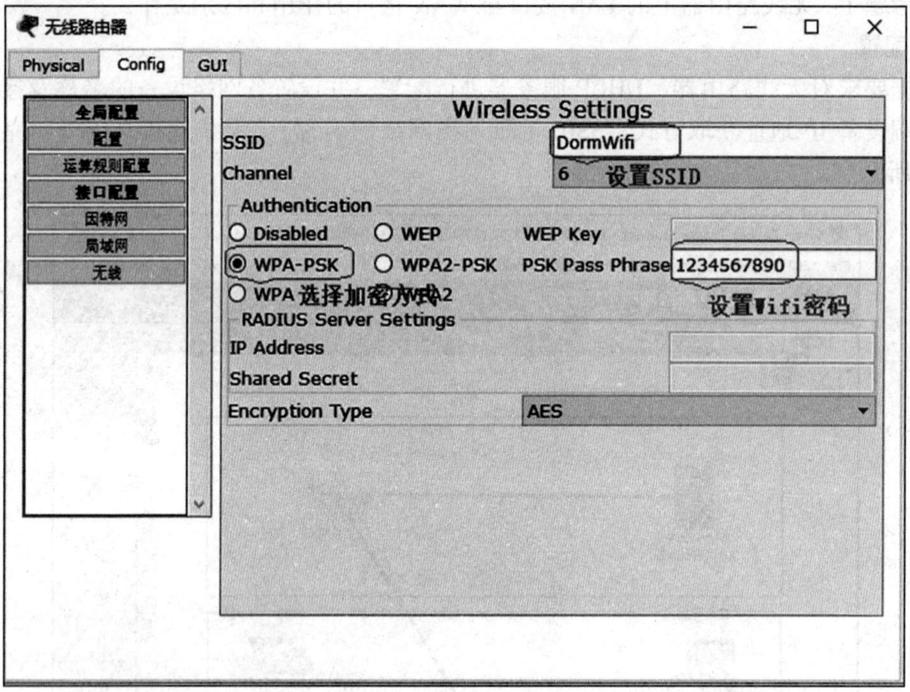

图 5-8　无线路由器设置

（2）设置 DHCP 服务器。设置 IP 地址为 192.168.1.1、子网掩码为 255.255.255.0、网关为 192.168.1.254，同时，开启 DHCP 服务，地址池为 192.168.1.100～192.168.1.200，DHCP 服务器配置如图 5-9 所示。

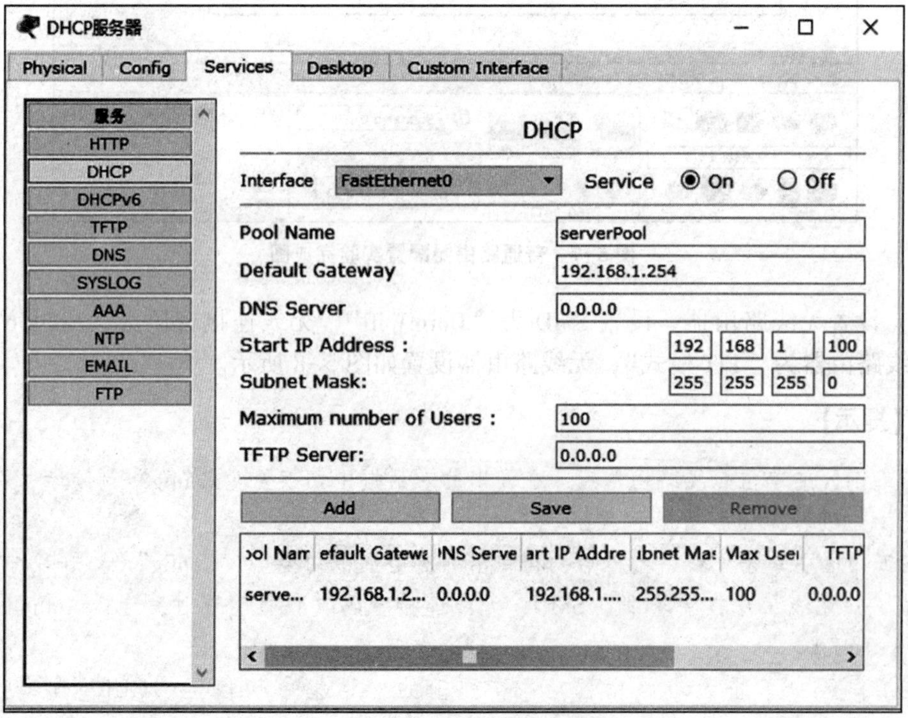

图 5-9　DHCP 服务器配置

【提示】

在工作区中单击DHCP服务器后，在弹出的对话框中切换至“Config”选项卡，在“全局配置”项中设置DHCP服务器的名称和网关。

在工作区中单击DHCP服务器后，在弹出的对话框中切换至“Config”选项卡，在“FastEthernet0”中设置DHCP服务器的IP地址和子网掩码。

在工作区中单击DHCP服务器后，在弹出的对话框中切换至“Services”选项卡，在“服务”→“DHCP”中设置开启DHCP服务，设置地址池为“192.168.1.100～192.168.1.200”，完成后保存设置。

思考题2：DHCP服务器的作用是什么？

（3）设置各网络设备的名称及接入无线网络终端设备IP地址获取方式、SSID、无线连接密码，笔记本电脑连接Wifi设置如图5-10所示。

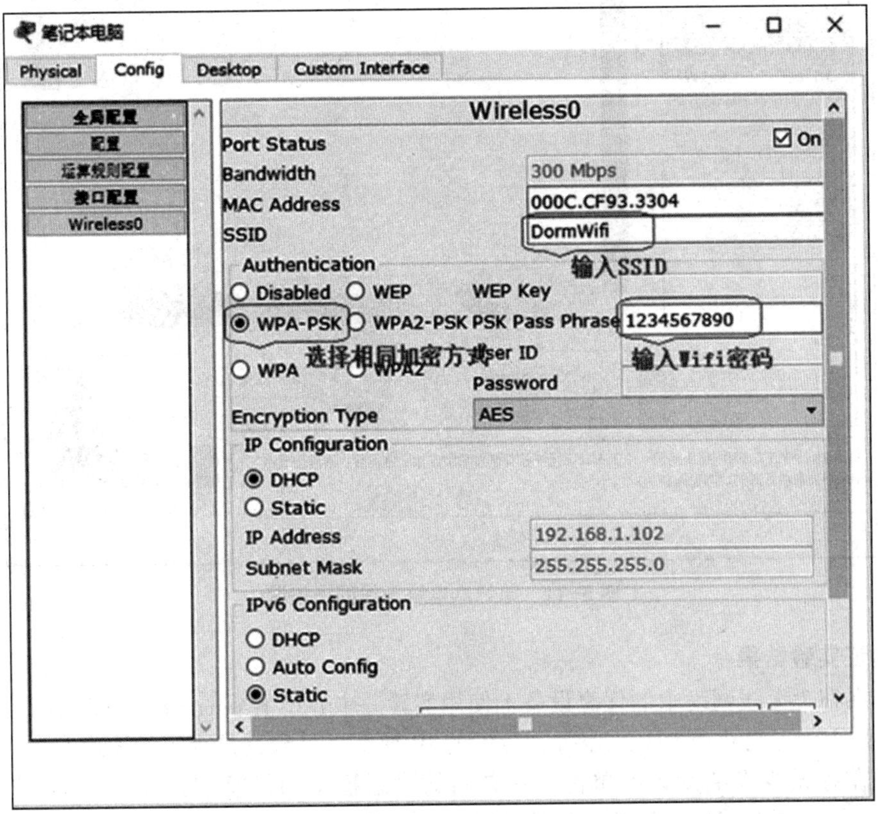

图5-10　笔记本电脑连接Wifi设置

【提示】

在工作区中单击网络设备后，在弹出的对话框中切换至“Desktop”选项卡，在“IP Configuration”中选择DHCP，设置IP地址为自动获取。

在工作区中单击无线设备后，在弹出的对话框中切换至“Config”选项卡，在“接口配置”→“Wireless0”中按要求设置SSID、无线连接密码（设置密码时，选择Authentication为WPA-PSK）。

【注意】

在配置笔记本电脑 Wifi 连接时，需要先为该笔记本电脑安装一个无线网卡后才能进行设置。安装方法为，在工作区中单击笔记本电脑，在弹出的对话框中切换至“Physical”选项卡，先关闭电源，然后在“模块”中选择“WPC300N”无线模块，拖曳该模块的对应图标到笔记本电脑网卡位置即可，如图 5-11 所示。

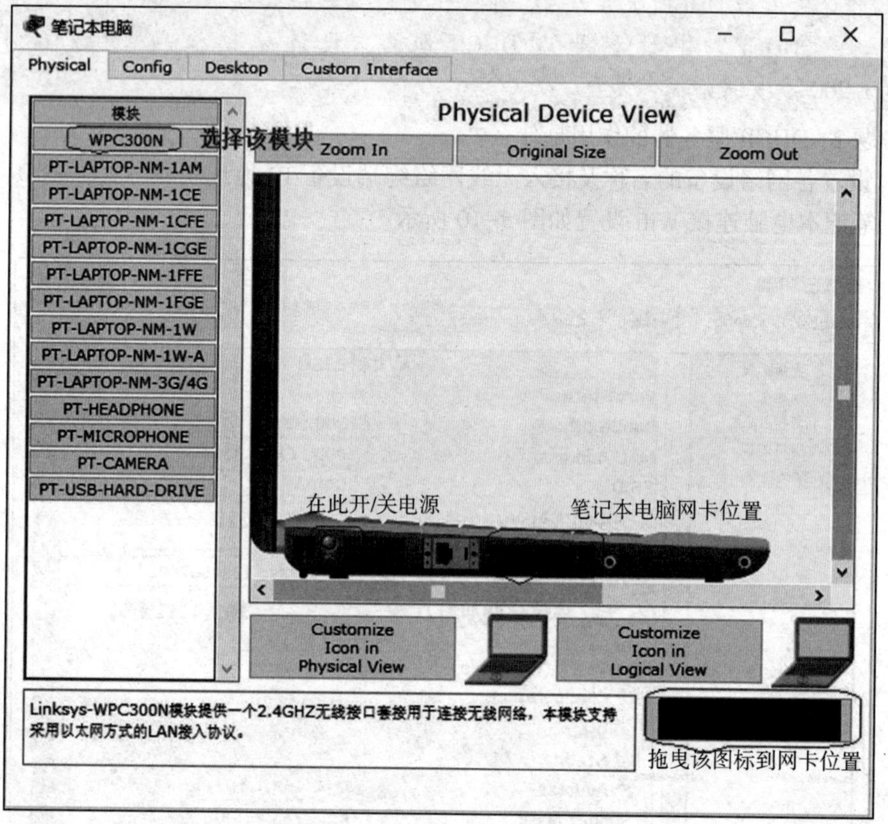

图 5-11 笔记本电脑无线网卡安装

4. 验证实验结果

（1）在宿舍无线网络中的任意设备上使用实验一中介绍的 ping 和 ipconfig 命令，可以查看该设备是否能正确获得 DHCP 服务器分配的 IP 地址，且与其是否正常连通。

（2）在各无线终端设备上单击，在弹出的对话框中切换至“Desktop”选项卡，单击“PC Wireless”，在弹出的对话框中切换至“Connect”选项卡，查看无线连接成功后，笔记本电脑 Wifi 连接成功后，如图 5-12 所示。

（3）在各终端设备上，单击该终端设备，在弹出的对话框中切换至“Desktop”选项卡，单击“IP Configuration”，查看该终端设备的 IP 地址分配情况，笔记本电脑 IP 地址分配成功后，如图 5-13 所示。

【提示】

如果无线设备能正确连接无线路由器，则说明大学宿舍无线网络组网成功；如果无线网中各设备终端能正确获得校园网 DHCP 服务器分配的 IP 地址，则视为 LAN 接入 Internet 成功。

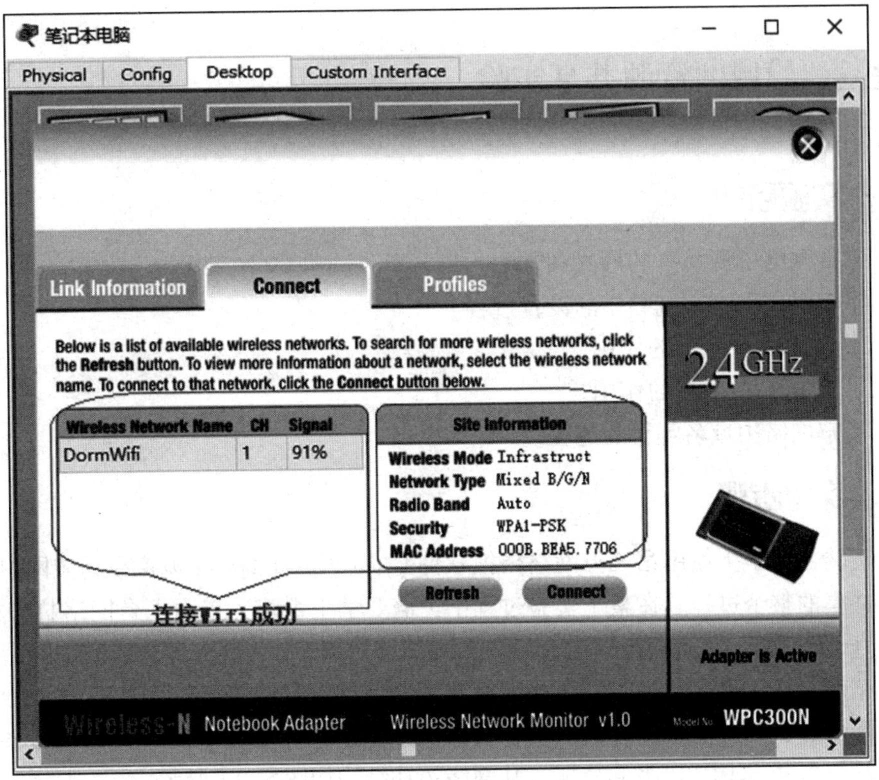

图 5-12 笔记本电脑连接 Wifi 成功

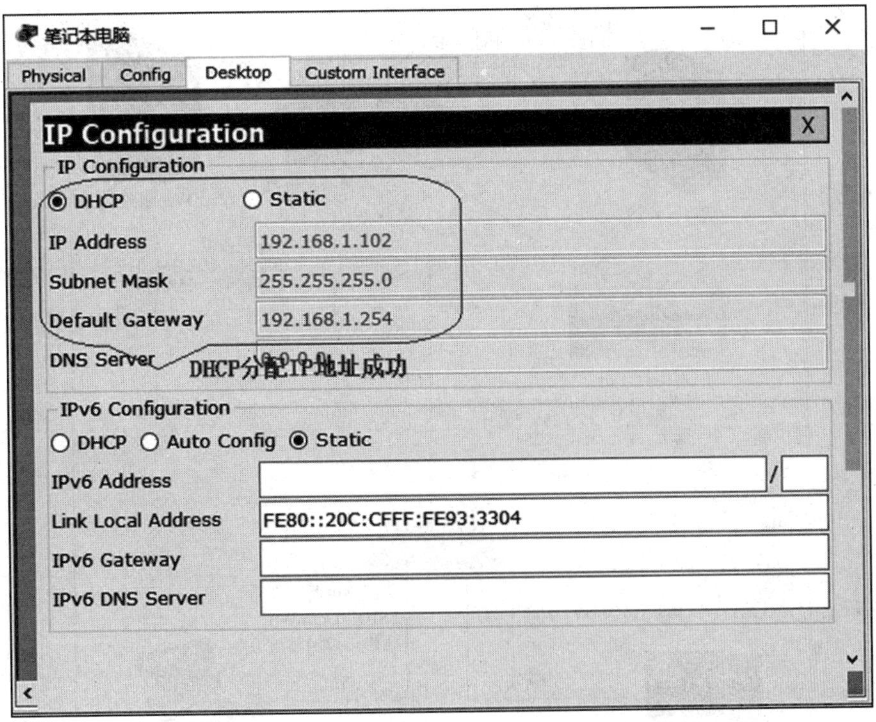

图 5-13 笔记本电脑 DHCP 分配 IP 地址成功

实验三　局域网资源共享实验

一、实验目的

（1）掌握网络资源共享的形式和方法。
（2）了解局域网打印机共享的设置过程。
（3）了解 Web 服务器的作用。
（4）了解 DNS 服务器的作用。
（5）了解网络中域名解析的过程。

二、实验步骤

本次实验需要学生使用第三方网络模拟软件 Cisco Packet Tracer 模拟在局域网中设置软、硬件资源共享的整个过程。在整个实验过程中，需要学生组建一个由 1 台网络打印机、1 台终端 PC、1 台交换机、1 台笔记本电脑、1 台无线路由器、2 台服务器构成的综合型局域网，并在该局域网内，实现打印机的网络共享和建立局域网内部的 Web、DHCP、DNS 服务，其中，Web 服务器、DNS 服务器、网络打印机的 IP 地址固定，其他接入该网络的设备的 IP 地址由无线路由器开启 DHCP 服务分配，其网络拓扑结构如图 5-14 所示。

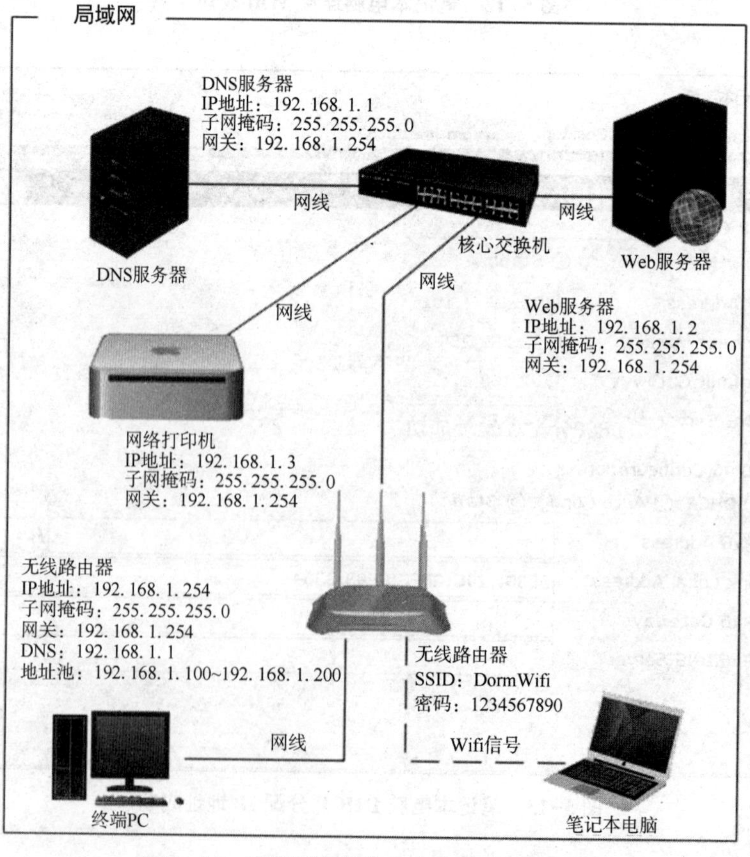

图 5-14　局域网资源共享实验网络拓扑结构

1. 启动网络模拟软件

打开 Cisco Packet Tracer 网络模拟软件，在软件工作区中添加1台无线路由器、1台终端PC、1台笔记本电脑、1台打印机、2台服务器，并使用矩形框标记该局域网。

【提示】

在软件左下角的“无线设备”中添加1台WRT300N无线路由器；在软件左下角的“终端设备”中添加1台Generic PC、1台Generic笔记本电脑、1台Generic打印机、2台Generic服务器；在软件左下角的“交换机”中添加1台2950-24交换机。

2. 连接设备

使用 Cisco Packet Tracer 网络模拟软件中的模拟网线，按照拓扑结构连接终端PC、笔记本电脑、无线路由器、核心交换机、网络打印机和服务器，如图5-15所示。

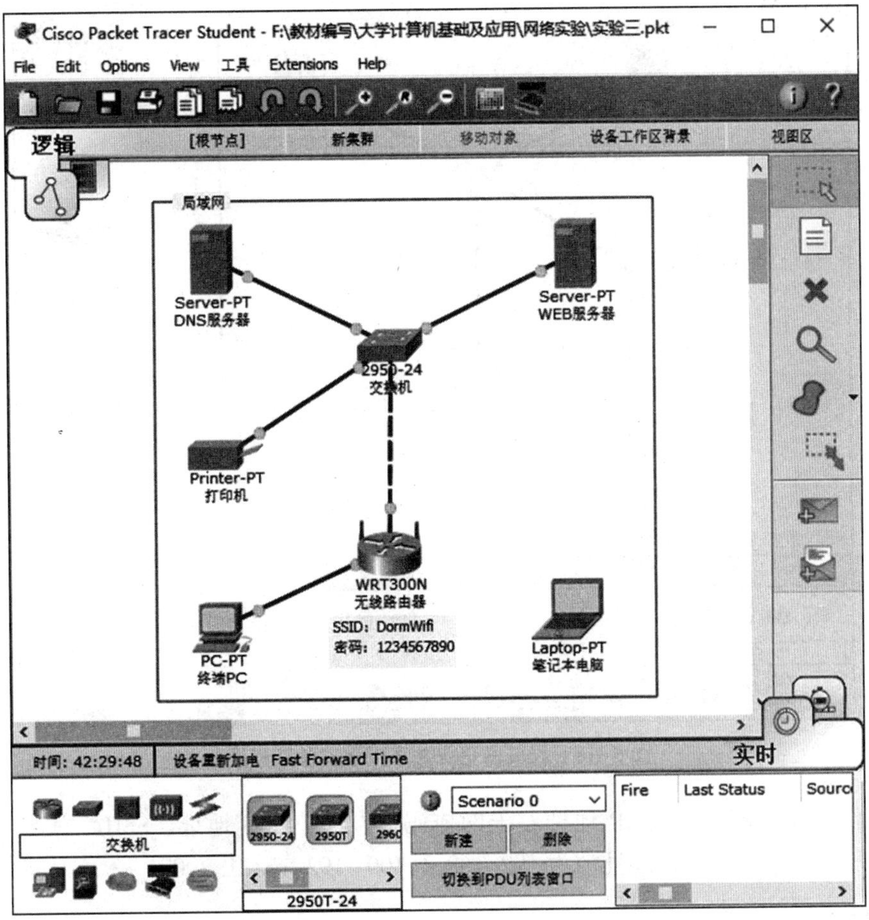

图5-15 局域网资源共享配置实验线路连接

【提示】

在软件左下角的“线缆”中，使用第3种“直通线”连接无线路由器与终端PC，交换机与服务器、打印机；在软件左下角的“线缆”中，使用第4种“交叉线”连接交换机与无线路由器LAN接口；无线路由器与笔记本电脑之间用无线连接。

【注意】

在使用无线连接前，需要为笔记本电脑安装无线网卡。

3. 配置

根据要求分别对无线路由器、DNS 服务器、Web 服务器、网络打印机进行配置，并设置各网络设备的名称及网络终端设备 IP 地址获取方式、SSID、无线连接密码等，完成后如图 5-16 所示。

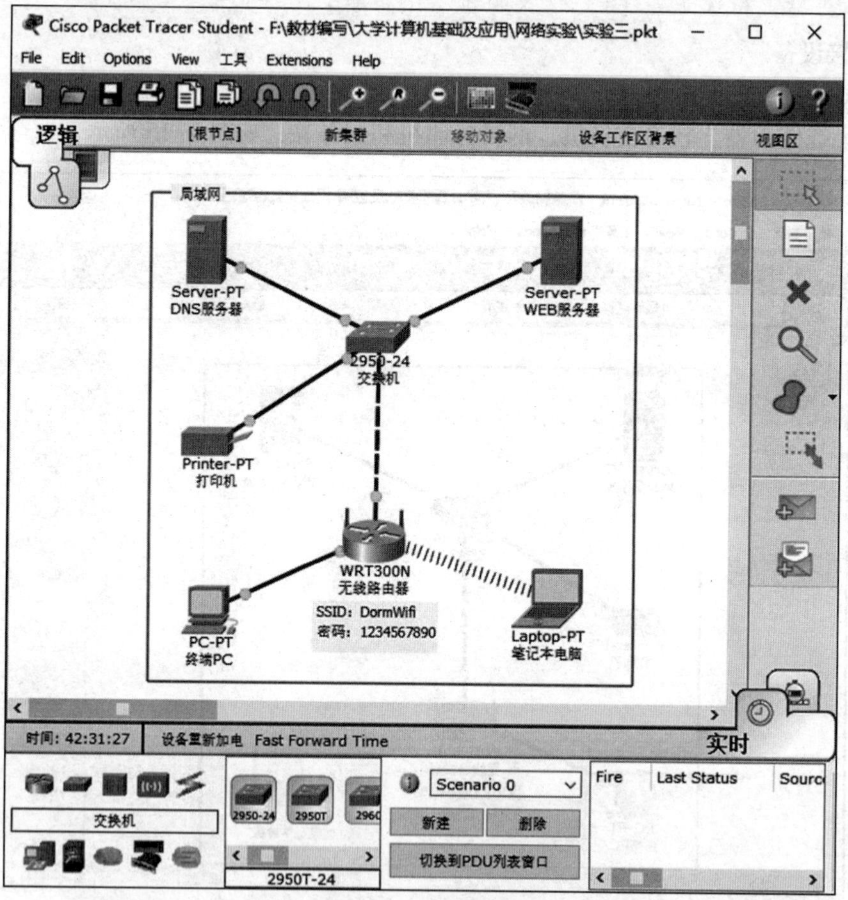

图 5-16 局域网资源共享配置实验完成图

（1）设置无线路由器的 IP 地址、子网掩码、网关、DNS 地址、SSID、无线连接密码等，同时开启 DHCP 服务，地址池为 192. 168. 1. 100~192. 168. 1. 200。

【提示】

在工作区中单击无线路由器，在弹出的对话框中切换至“GUI”选项卡，在“setup”下，启用无线路由器的 DHCP 服务，并设置 IP 地址、子网掩码、DNS 地址、地址池，设置结果如图 5-17 所示。

（2）配置 DNS 服务器，同时，关闭在此服务器上的 DHCP、FTP、MAIL、Web 服务，使其能够实现在该局域网内通过使用域名“www. test. com”访问 Web 服务器上的网站。

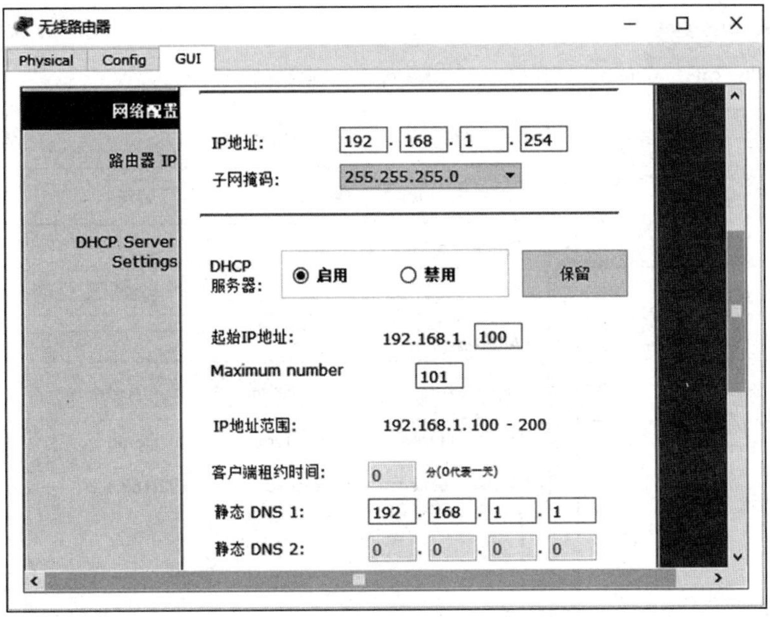

图 5-17　无线路由器 DHCP 设置

【提示】

在工作区中单击 DNS 服务器，在弹出的对话框中切换至“Services”选项卡，在“服务”→“DNS”中设置。开启该服务器的 DNS 服务，添加一条“www.test.com”对应 192.168.1.2 的域名解析记录，设置结果如图 5-18 所示。

思考题 1：DNS 服务器的作用是什么？

(3) 配置 Web 服务器，同时，关闭在此服务器上的 DHCP、FTP、MAIL、DNS 服务，使其能够建立起一个 Web 站点，并能在该局域网内通过“http://192.168.1.2”在模拟浏览器中访问该 Web 站点。

【提示】

在工作区中单击 Web 服务器，在弹出的对话框中切换至“Services”选项卡，在“服务”→“HTTP”中设置。开启该服务器的 Web 服务。

思考题 2：网络中资源共享形式有哪些？

(4) 设置网络打印机的 IP 地址为 192.168.1.3，子网掩码为 255.255.255.0，网关为 192.168.1.254，使该打印机能够在局域网内共享，并让该网络中的所有终端 PC 能够共同使用该打印机。

【提示】

在工作区中单击网络打印机，在弹出的对话框中切换至“Config”选项卡，在“接口配置”→“FastEthernet0”中为该网络打印机配置 IP 地址。

【注意】

如果在 PC 或笔记本电脑上使用 ping 命令测试后，能够与该网络打印机正常连通，则视为打印机共享设置成功。

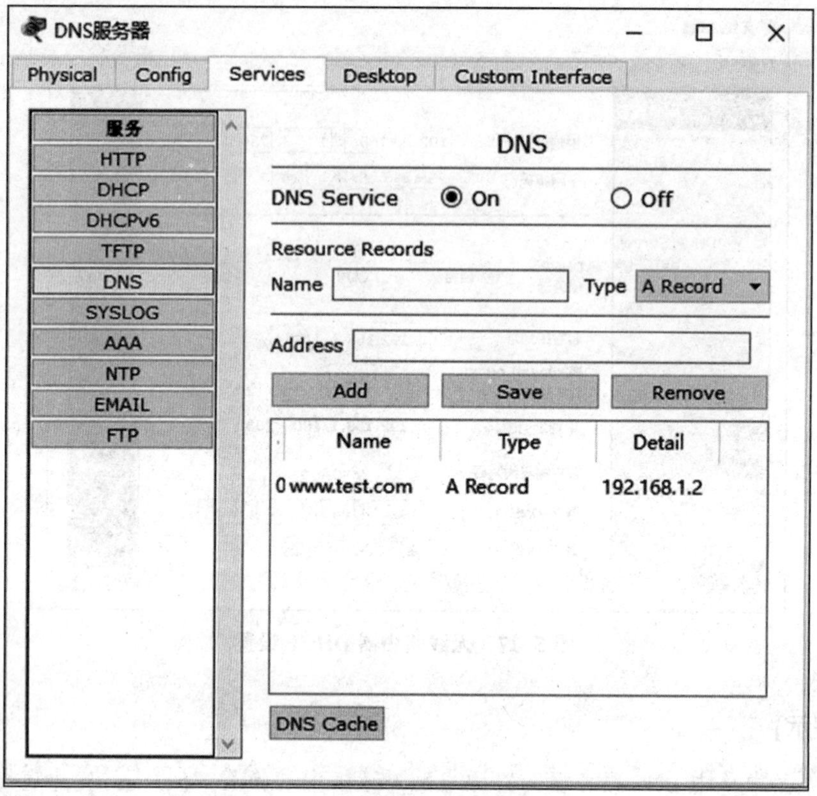

图 5-18　DNS 服务器设置

思考题 3：非网络打印机需要在局域网内共享，应该怎么设置？

4. 验证实验结果

（1）使用网络中的任意终端 PC，查看网络中网络打印机共享是否设置正确。

【提示】

在工作区中单击任意终端 PC，在弹出的对话框中切换至“Desktop”选项卡，在“Command prompt”下使用 ping 命令查看网络打印机是否共享成功，使用笔记本电脑查看结果，如图 5-19 所示。

（2）使用网络中的任意终端 PC，查看 Web 服务器是否设置正确。

【提示】

在工作区中单击任意终端 PC，在弹出的对话框中切换至“Desktop”选项卡，打开“Web 浏览器”，在统一资源定位器中输入“http://192.168.1.2”，如果有网页内容显示则说明 Web 服务器设置正确，使用笔记本电脑查看结果，如图 5-20 所示。

（3）使用网络中的任意终端 PC，查看 DNS 服务器是否设置正确。

【提示】

在工作区中单击任意终端 PC，在弹出的对话框中切换至“Desktop”选项卡，打开“Web 浏览器”，在统一资源定位器中输入域名“http：//www.test.com”，如果有网页内容显示则说明 DNS 服务器设置正确，使用笔记本电脑查看结果，如图 5-21 所示。

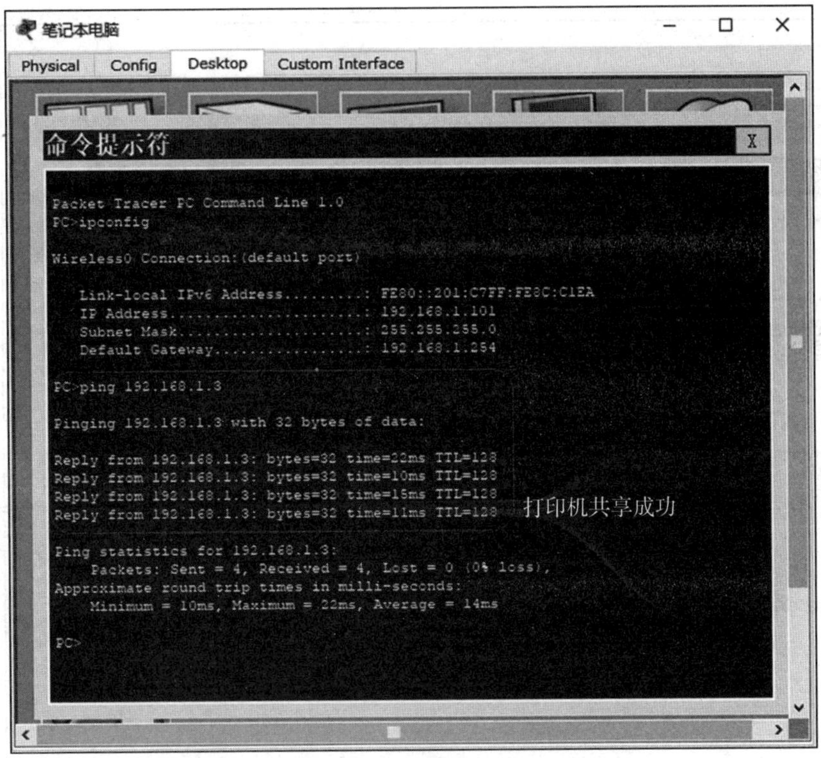

图 5-19　ping 命令测试网络打印机共享成功

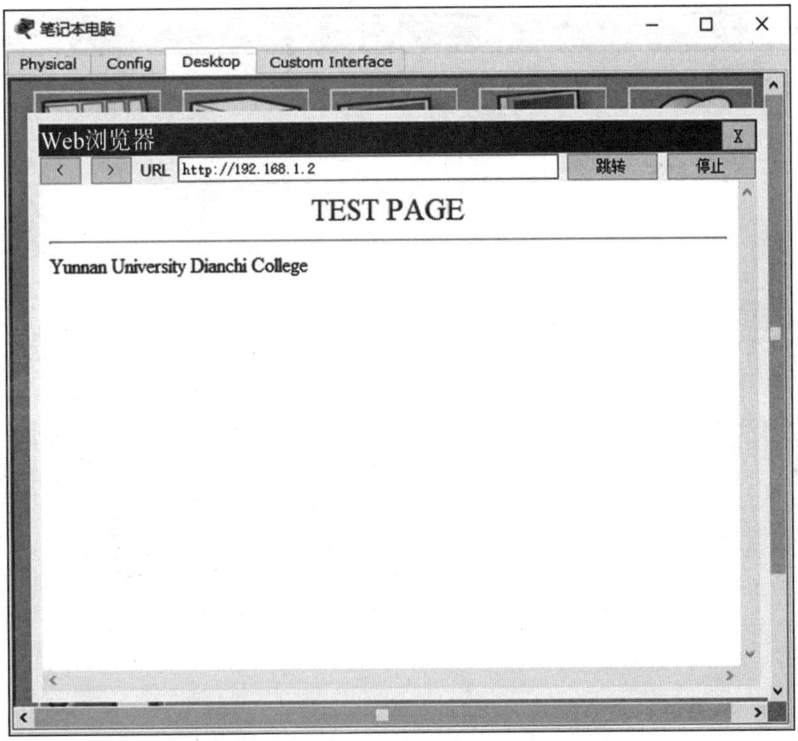

图 5-20　测试 Web 服务器配置成功

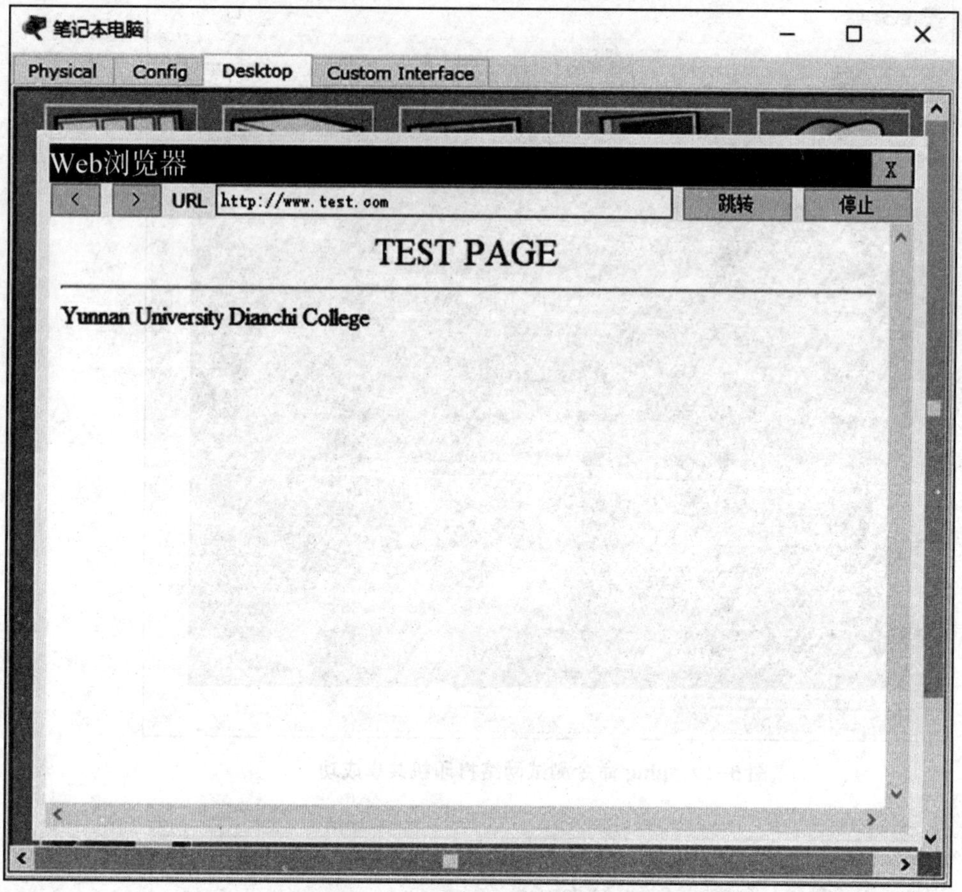

图 5-21 测试 DNS 服务器配置成功

第二篇

习 题 篇

TWO

第 6 章

计算机概述知识习题

一、选择题

1. ________的出现是计算机工具发展史上的第一次重大变革。

A. 算筹　B. 算盘　C. 纳皮尔算筹　D. 帕斯卡计算器

2. 世界上公认的第一台电子计算机于________在美国的宾夕法尼亚大学研制成功。

A. 1946 年　B. 1922 年　C. 1941 年　D. 1926 年

3. 笔记本电脑、平板电脑等属于________。

A. 巨型机　B. 小型计算机　C. 微型计算机　D. 中型计算机

4. ________被称为现代计算机之父。

A. 艾伦 · 图灵　B. 罗伯特、诺依斯　C. 冯 · 诺依曼　D. 比尔 · 盖茨

5. 从第一台计算机诞生到现在，按计算机采用的逻辑器件来划分，计算机的发展经历了________个阶段。

A. 4　B. 6　C. 5　D. 3

6. 第一代计算机的逻辑器件是________。

A. 电子管　B. 晶体管

C. 中、小规模集成电路　D. 大规模、超规模集成电路

7. 在计算机中，英文字符的编码是________。

A. 原码　B. ASCII 码　C. 反码　D. 国标码

8. ________被誉为计算机科学的奠基人。

A. 巴贝奇　B. 艾兰 · 图灵　C. 冯 · 诺依曼　D. 霍德华 · 艾肯

9. 计算机最早的应用领域是________。

A. 科学计算　B. 数据处理　C. 过程控制　D. 人工智能

10. 下列属于通用计算机的是________。

A. 智能仪表　B. 自动售卖机　C. 个人计算机　D. 数码相机

11. 计算机和人下棋，该应用属于________。

A. 过程控制 B. 数据处理 C. 科学计算 D. 人工智能

12. 下列________不是计算机的特点。

A. 运算速度快 B. 运算精度高

C. 记忆能力强 D. 在某种程度上超过“人脑”

13. 世界上第一台计算机的名称是________。

A. IBM B. APPLE Ⅱ C. ENIAC D. MAC

14. ________是计算机辅助设计的英文缩写。

A. CAD B. CAI C. CAT D. CAM

15. 在线直播课是计算机在________方面的应用。

A. 网络应用 B. 计算机辅助系统 C. 信息处理 D. 人工智能

16. 能被计算机直接识别的语言是________。

A. 高级语言 B. 汇编语言 C. 十六进制 D. 机器语言

17. 我国研制的第一台电子计算机是________。

A. 103 型计算机 B. 104 型计算机

C. 107 型计算机 D. 119 型计算机

18. ________是我国高速计算机研制的一个重要里程碑。

A. 757 型计算机 B. 150 型计算机

C. 银河 I 型计算机 D. 银河 II 型计算机

19. 数据在计算机内部是以________形式进行存储的。

A. 八进制数 B. 十六进制数 C. 十进制数 D. 二进制数

20. 计算机内部存储和处理汉字时所用的编码是________。

A. 机内码 B. 输入码 C. 国标码 D. 字形码

21. 在输入汉字时，搜狗拼音使用的汉字输入编码是________。

A. 数字编码 B. 字形编码 C. 拼音编码 D. 音形混合编码

22. 在计算机中，一个西文字符需要用________位二进制编码。

A. 1 B. 7 C. 8 D. 16

23. 下列对信息的描述错误的是________。

A. 信息是可以处理的 B. 信息是可以传播的

C. 信息是可以共享的 D. 信息随载体的变化而变化

24. 下列对补码的叙述，不正确的是________。

A. 负数的补码是该数的反码最右加 1 B. 负数的补码是该数的原码最右加 1

C. 正数的补码就是该数的原码 D. 正数的补码就是该数的反码

25. 计算机病毒是________。

A. 一个文件 B. 一段数据信息

C. 一组计算机指令代码 D. 计算机内的细菌

26. 十进制数+92 的 8 位原码表示为________。

A. 01101100 B. 01011100 C. 10101011 D. 01011000

27. 以下________不属于计算机病毒的特征。

A. 传染性　　B. 寄生性　　C. 破坏性　　D. 多样性

28. 二进制数 10011010 转换为十进制数是________。

A. 153　　B. 154　　C. 155　　D. 156

29. 下面有关二进制的论述错误的是________。

A. 二进制数只有 0 和 1 两个数码

B. 二进制数只由两位数组成

C. 二进制数各位上的权分别为 2^i（i 为整数）

D. 二进制计数时逢二进一

30. 汉字“机”的区位码是 2790D，则其国标码为________。

A. $(1B5A)_{16}$　　B. $(3B7A)_{16}$　　C. $(BBFAH)_{16}$　　D. $(BB7A)_{16}$

31. 在 IEEE 754 标准下，浮点数的阶码使用________表示。

A. 原码　　B. 移码　　C. 反码　　D. 补码

32. 下列不同进制的 4 个数中，最大的一个数是________。

A. $(01010011)_2$　　B. $(67)_8$　　C. $(78)_{10}$　　D. $(5F)_{16}$

33. 在计算机中存储一个汉字信息需要________字节存储空间。

A. 1　　B. 2　　C. 3　　D. 4

34. 已知 8 位机器码 10110100，当它是补码时，表示的十进制真值是________。

A. −76　　B. 76　　C. −70　　D. −74

35. 十六进制数 $(31+1D)_{16}$的结果转换为二进制数为________。

A. 00111001　　B. 01001110　　C. 10111110　　D. 01111110

二、填空题

1. 按用途来分类，计算机可划分为__________、__________。

2. 谷歌公司研制的围棋程序 AlphaGo 是计算机在__________方面的典型应用。

3. __________是指有关信息的获取、传输、处理、控制的设备和系统的技术。

4. 第二代电子计算机采用的逻辑器件是__________。

5. 二进制数右起第 5 位上的 1 相当于 2 的__________次方。

6. 十进制数 $(37.625)_{10}$分别转换成二进制数（__________）$_2$、八进制数（__________）$_8$、十六进制数（__________）$_{16}$。

7. 在计算机中表示带符号数时，用__________表示“+”，用__________表示“−”。

8. 假定一个数在机器中占用 8 位，则−23 的原码、反码、补码、移码依次为__________、__________、__________、__________。

9. 在计算机内部表示小数时，有__________表示和__________表示两种。

10. 在计算机内部采用__________来存储和处理汉字，已知某个汉字的区位码，可以在该区位码基础上加上__________得到该汉字的国标码。

11. 浮点数取值范围的大小由__________决定，而浮点数的精度由__________决定。

12. 汉字字形码是汉字信息的输出编码，通常有__________和__________两种表示方式。

13. 若一个汉字使用 24×24 的点阵表示，则该汉字占用__________字节的存储空间。

14. 计算机病毒按寄生方式和传染途径分为__________、__________和混合型病毒 3 种。

15. 若某汉字的国标码是（5031）$_{16}$，则该汉字的机内码是__________。

16. 进制的 3 个基本要素分别为__________、__________和__________。

17. 一个汉字在计算机内部需要使用__________字节来进行存储。

18. 计算机病毒有很大的危害性，主要通过外存设备和__________两种途径传播。

19. 若一个 ASCII 码传输时的编码为 11100001，则该 ASCII 码采用__________校验方式传输。

20. 计算机技术的发展趋势主要有__________、__________、__________和智能化 4 个方面。

第 6 章答案

第 7 章

计算机系统知识习题

一、选择题

1. 计算机上采用的存储程序原理是由________提出来的。

A. 图灵　　B. 布尔　　C. 冯·诺依曼　　D. 爱因斯坦

2. 计算机系统组成主要包括________。

A. 软件系统和硬件系统　　B. 系统软件和应用软件

C. 运算器和控制器　　D. 内存和外存

3. 计算机硬件系统是由________组成的。

A. 运算器、控制器、存储器、输入和输出设备

B. CPU、显示器、键盘鼠标

C. CPU、操作系统和应用软件

D. 以上都不正确

4. 微型计算机中的硬盘驱动器属于________。

A. 运算器　　B. 输入设备　　C. 内存储器　　D. 外存储器

5. 下面设备属于外存储器的是________。

A. 固态硬盘　　B. U 盘　　C. 光盘　　D. 以上都是

6. 当计算机关机断电时，以下存储设备所存储的数据会丢失的是________。

A. U 盘　　B. RAM　　C. ROM　　D. 以上都是

7. 以下存储器，使用光介质来存储数据的是________。

A. U 盘　　B. 移动硬盘　　C. RAM　　D. DVD

8. 下列选项中不属于系统总线的是________。

A. 控制总线　　B. 通信总线　　C. 数据总线　　D. 地址总线

9. 下列设备，能够称为计算机的是________。

A. 智能手机　　B. 微型计算机

C. ATM 自动柜员机　　D. 以上都是

10. 计算机存储器中的 1 GB 相当于________KB。

A. 1 000 000　　B. 1 024　　C. 2^{10}　　D. 1024^2

11. PCI-E 总线属于________总线。

A. 并行总线　　B. 串行总线　　C. 蛇形总线　　D. U 形总线

12. 以下接口中支持热拔插的接口是________。

A. USB　　B. IEEE 1394　　C. E-SATA　　D. 以上都是

13. 计算机能够识别并执行的语言是________。

A. 机器语言　　B. 汇编语言　　C. 高级语言　　D. 以上都不正确

14. 计算机内存中每一个存储单元都被赋予了一个唯一的编号，这个编号被称为________。

A. 序号　　B. 地址　　C. 容量　　D. 字节

15. 下列设备中不是输出设备的是________。

A. 打印机　　B. 键盘　　C. 显示器　　D. 绘图仪

16. 与外存储器相比，RAM 具有________的优点。

A. 速度快　　B. 容量大　　C. 不怕断电　　D. 以上都正确

17. 下列说法正确的是________。

A. 在微型计算机中，同系列的 CPU 主频越高，运算速度越快

B. 存储器具有记忆功能，其存储的数据任何时候都不会丢失

C. 两个相同尺寸的显示器，它们的分辨率一定一样

D. 针式打印机的针数越多，它能够打印的字体就越多

18. 在计算机应用中，计算机辅助教学的英文缩写是________。

A. CAD　　B. CAE　　C. CAI　　D. CAM

19. U 盘是现在主要的移动存储设备，它比硬盘具有更强的________。

A. 灵活性　　B. 便携性　　C. 抗震性　　D. 以上都是

20. 以下关于 ROM 的说法错误的是________。

A. CPU 不能向 ROM 随机写入数据

B. ROM 中的内容在断电后不会丢失

C. ROM 是只读的，所以它属于外存储器而不是内存储器

D. ROM 是只读存储器的英文缩写

21. 用高级语言编写的程序称为________。

A. 编译程序　　B. 可执行程序　　C. 源程序　　D. 汇编程序

22. 微型计算机系统中的内存条指的是________。

A. ROM　　B. Cache　　C. RAM　　D. BIOS

23. 下列关于 SATA 接口的说法，错误的是________。

A. 数据传输率高、支持热拔插　　B. 结构简单，可靠性高

C. 是一种串行接口　　D. 是并行接口，所以传输速率高

24. 在微型计算机中，主板是其他部件和外部设备的________。

A. 连接载体　　B. 通信主体　　C. 访问桥梁　　D. 控制中心

25. 主板上最重要的部件是________。

A. 插槽　　B. 接口　　C. 芯片组　　D. 架构

26. BIOS 程序的主要作用是________。

A. 保护计算机中的软件

B. 提高 CPU 的运算速度

C. 提高 ROM 的读写速度

D. 开机自检并加载基本的驱动程序

27. Cache 可以提高计算机的性能，主要是因为它________。

A. 提高了 CPU 的倍频

B. 提高了 CPU 的主频

C. 增加了 RAM 的容量

D. 缩短了 CPU 访问数据的时间

28. 配置 Cache 是为了解决________。

A. 内存和外存之间速度不匹配的问题

B. CPU 和外存之间速度不匹配的问题

C. CPU 和内存之间速度不匹配的问题

D. 主机和外设之间速度不匹配的问题

29. 下列关于机械硬盘的描述，不正确的是________。

A. 硬盘片是由涂有磁性材料的铝合金构成

B. 硬盘内共有一个读/写磁头

C. 硬盘各个盘面上相同大小的同心圆称为一个柱面

D. 读/写硬盘时，磁头悬浮在盘面上而不与磁盘面接触

30. 光盘驱动器的倍速越大，表示________。

A. 数据读/写速率越高　　B. 纠错能力越强

C. 能够读取光盘的容量越大　　D. 播放 DVD 的效果越好

31. 计算机软件的确切含义是________。

A. 计算机程序、数据与相应文档的总称

B. 系统软件与应用软件的总和

C. 操作系统、数据库管理系统与应用软件的总和

D. 各类应用软件的总称

32. 操作系统的作用是________。

A. 规范用户操作　　B. 管理计算机硬件系统

C. 管理计算机软件系统　　D. 管理计算机系统的所有资源

33. 所有的指令、数据都用一串二进制数表示，这种语言称为________。

A. 高级语言　　B. 机器语言　　C. 汇编语言　　D. Java 语言

34. 用助记符代替操作码，地址符号代替操作数的面向机器的语言是________。

A. 汇编语言　　B. FORTRAN 语言　　C. 机器语言　　D. 高级语言

35. 程序运行效率最高的语言是________。

A. 汇编语言　　B. 机器语言　　C. 指令系统　　D. 高级语言

二、填空题

1. 计算机系统由硬件系统和________组成。
2. 按照冯·诺依曼的观点，计算机的硬件系统组成部件有________、________、________、________和________。
3. 计算机软件系统包括________和________。
4. 在计算机硬件系统中，能够直接被运算器读取数据的存储器称为________。
5. 计算机语言一般分为________、________和________。
6. 将计算机内部的二进制代码转换为用户能够识别的信号的设备称为________。
7. 为了完成某一项特定任务而编写的程序称为________软件。
8. 微型计算机中的________是承载和连接其他设备的载体。
9. 计算机辅助设计的英文缩写是________。
10. 指令是由________和________组成的。
11. 按照传输方式分类，总线可以分为________和________。

第 7 章答案

第 8 章

计算机操作系统知识习题

一、选择题

1. 操作系统属于________。

A. 系统软件　　B. 应用软件　　C. 实用软件　　D. 工具软件

2. 操作系统主要负责管理计算机的________。

A. CPU 资源　　B. 网络资源

C. 硬件和软件资源　　D. 内存资源

3. 操作系统实质是________。

A. 一组数据　　B. 一个文档　　C. 一个文本　　D. 一组程序

4. Windows 10 操作系统是________的操作系统。

A. 单用户、单任务　　B. 单用户、多任务

C. 多用户、多任务　　D. 多用户、单任务

5. HUAWEI Harmony OS 是一个________。

A. 批处理操作系统　　B. 嵌入式操作系统

C. 实时操作系统　　D. 分布式操作系统

6. 下列操作系统中，________是移动操作系统。

A. Windows　　B. Android　　C. Mac OS　　D. UNIX

7. 快捷方式是________。

A. 应用程序、文件或文件夹的本身

B. 应用程序、文件或文件夹的链接

C. 应用程序、文件或文件夹的图标

D. 应用程序、文件或文件夹的分身

8. 屏幕分辨率越大，整个屏幕所容纳的图标就________。

A. 越多　　B. 越少　　C. 不多不少　　D. 以上都不正确

9. 中文输入法之间进行切换可以使用快捷键________。

A. 〈Ctrl+Alt〉　　B. 〈Ctrl+Delete〉　　C. 〈Ctrl+Tab〉　　D. 〈Ctrl+Shift〉

10. 中/英文输入法的切换可以使用快捷键________。

A. 〈Ctrl+空格〉　B. 〈Shift+空格〉　C. 〈Alt+空格〉　D. 〈Esc+空格〉

11. 具有对计算机进行管理的最高权限的是________账户。

A. 标准　B. 来宾　C. 管理员　D. 用户

12. 下列关于程序的说法，正确的是________。

A. 程序必须调入内存中才可以执行　B. 程序可以直接在硬盘驱动器中执行

C. 一个程序只能被执行一次　D. 程序是存储在内存储器中的

13. 下列关于进程的说法，正确的是________。

A. 进程就是程序

B. 进程是一个动态的概念，程序是一个静态的概念

C. 进程是线程的进一步细分

D. 以上都不正确

14. 下列关于线程的说法，正确的是________。

A. 线程会降低计算机处理问题的效率

B. 线程是程序的进一步细分

C. 一个进程只能有一个线程

D. 线程可以更好地实现并发处理和共享资源

15. 将正在运行的应用程序窗口最小化，则该应用程序 ________。

A. 停止运行　B. 继续运行　C. 结束运行　D. 暂停运行

16. 打开任务管理器，可以使用快捷键________。

A. 〈Ctrl+Shift+Esc〉　B. 〈Ctrl+Alt+Esc〉

C. 〈Ctrl+Shift+空格〉　D. 〈Shift+Alt+Esc〉

17. Windows 10 操作系统常用的文件系统不包括________。

A. FAT32　B. exFAT　C. exFAT32　D. NTFS

18. 下列关于文件的说法中，正确的是________。

A. 文件的名称可以是任意的字符

B. 用户按照文件名访问文件

C. 用户的扩展名不能少于 3 个字符

D. 如果文件的属性是只读，则不能删除该文件。

19. 文件“MyFile1. Home. Work. abc”的扩展名为 ________。

A. . Home　B. . Work　C. . docx　D. . abc

20. 扩展名为“. txt”的文件类型是________。

A. 文本文件　B. Word 文件　C. Excel 文件　D. 压缩文件

21. 文件资源管理器是________。

A. 系统文件夹　B. 应用程序　C. 文件　D. 文件名

22. 在树状目录结构中，文件的绝对路径是从________开始表示的。

A. 父目录　B. 根目录　C. 子目录　D. 当前目录

23. 选择多个连续文件时，可在选择第一个文件后，按住________键不松开，再单击最

后一个文件。

A. 〈Esc〉　B. 〈Ctrl〉　C. 〈Alt〉　D. 〈Shift〉

24. 要选定不相邻的多个文件，可以按住________键不松开，再单击其他文件。

A. 〈Shift〉　B. 〈Alt〉　C. 〈Ctrl〉　D. 〈Esc〉

25. 全选对象可以使用快捷键________。

A. 〈Ctrl+A〉　B. 〈Ctrl+B〉　C. 〈Ctrl+C〉　D. 〈Ctrl+D〉

26. 具有________属性的文件，不能对其内容进行更改。

A. 只读　B. 隐藏　C. 可见　D. 限制

27. 关于剪贴板，以下说法不正确的是________。

A. 剪贴板用来存放用户复制或剪切的对象

B. 剪贴板是内存中的一块临时存储区域

C. 剪贴板是硬盘中的一块临时存储区域

D. 剪贴板中的内容可以多次进行粘贴

28. 在 Windows 10 操作系统中，若进行了多次复制操作，则剪贴板中的内容是________。

A. 所有复制的内容　B. 没有任何内容

C. 第一次复制的内容　D. 最后一次复制的内容

29. 复制对象可以使用快捷键________。

A. 〈Ctrl+A〉　B. 〈Ctrl+B〉　C. 〈Ctrl+C〉　D. 〈Ctrl+D〉

30. 剪切对象可以使用快捷键________。

A. 〈Ctrl+Z〉　B. 〈Ctrl+X〉　C. 〈Ctrl+C〉　D. 〈Ctrl+D〉

31. 永久删除文件或文件夹，可以使用快捷键________。

A. 〈Shift+Delete〉　B. 〈Alt+Delete〉　C. 〈Ctrl+Delete〉　D. 〈Tab+Delete〉

32. 下列关于“回收站”的说法，正确的是________。

A. 回收站中的对象可以打开运行

B. 回收站中的对象可以还原

C. 回收站中的对象不占用任何存储空间

D. 以上说法都不正确

33. 在搜索文件时输入“*.pptx”，则搜索的是________。

A. 所有的演示文稿文件　B. 文件名含有“*”的文件

C. 文件名含有“pptx”的文件　D. 计算机中的所有文件

34. 关于磁盘管理的说法，正确的是________。

A. 新购买的磁盘，可以不经过任何处理，直接使用

B. 新购买的磁盘必须经过分区、格式化才能使用

C. 主分区可以再细分为逻辑分区

D. 逻辑分区可以再细分为扩展分区

35. 关于动态磁盘，以下说法不正确的是________。

A. 基本磁盘可以转换为动态磁盘

B. 动态磁盘中的各卷具有盘符

C. 动态磁盘中的卷和分区是相同的概念

D. 动态磁盘可以转换为基本磁盘

36. 格式化磁盘，将________。

A. 删除磁盘上的所有数据

B. 对数据没有任何影响

C. 删除不需要的数据

D. 删除内存中的数据

37. 格式化磁盘时，若选择“快速格式化”，则被格式化的磁盘必须是________。

A. 新购买的磁盘　　B. 没有损坏扇区的磁盘

C. 曾被格式化过的磁盘　　D. 写保护的磁盘

38. 通过________可以重新整理文件在磁盘中的存储位置，将文件存储在连续的空间中，以提高访问速度。

A. 磁盘清理　　B. 磁盘维护　　C. 磁盘碎片整理　　D. 磁盘检查

39. 以下设备中，不属于即插即用设备的是________。

A. U 盘　　B. 移动硬盘　　C. 数码相机　　D. 打印机

40. 下列关于驱动程序的说法，正确的是________。

A. U 盘可以直接连接到计算机进行使用，因此不需要驱动程序

B. U 盘连接到计算机后，操作系统会自动安装驱动程序

C. U 盘、移动硬盘、数码相机连接到计算机后可以直接使用，因此它们的驱动程序是一样的

D. 同一个品牌的打印机，它们的驱动程序是一样的

二、填空题

1. 操作系统的功能有________、________、________和________。

2. Windows 10 属于________软件。

3. 当用户暂时不使用计算机时，为了减少屏幕的损耗，隐藏屏幕信息和保障系统安全，可启动________。

4. 指令的有序集合称为________。

5. 当一个应用程序无响应时，可以通过________结束任务。

6. ________是正在被执行的程序。

7. ________是 Windows 10 操作系统中分配 CPU 时间的最基本单位。

8. ________是对软件资源进行的管理。

9. 文件路径分为________和________。

10. 在计算机系统中，所有的程序和数据都是以________的形式进行存储的。

11. ________表示文件的类型。

12. Windows 10 操作系统中组织文件夹的结构称为________。

13. 文件或文件夹的大小、占用空间、所有者等信息称为________。

14. Windows 10 操作系统中对硬盘的配置类型有________和________。

15. 在对磁盘进行分区时，可以分为________和扩展分区。

第 8 章答案

第 9 章

计算机网络知识习题

一、选择题

1. 当使用浏览器访问网络上的 Web 站点时，看到的第一个画面称为________。

A. 主页　　B. Web 页　　C. 文件　　D. 图像

2. 下列不是计算机网络中常见的资源共享模式的是________。

A. 集中式资源共享模式　　B. 分布式资源共享模式

C. 客户机/服务器模式　　D. 浏览器/服务器模式

3. 关于网络拓扑的描述中，错误的是________。

A. 网络拓扑可以反映网络结构　　B. 网状拓扑的节点之间连接无规则

C. 广域网采用环形拓扑结构　　D. 星形拓扑结构存在中心节点

4. 在 TCP/IP 参考模型中，与 OSI 参考模型的传输层对应的是________。

A. 传输层　　B. 互联层　　C. 会话层　　D. 表示层

5. Internet 中用来远程传输文件的服务是________。

A. Web 服务　　B. HTTP 服务　　C. TELNET 服务　　D. FTP 服务

6. 在计算机网络中，资源和网络服务的载体是________。

A. 主机　　B. 路由器　　C. 交换机　　D. 集线器

7. WAN 是________的英文缩写。

A. 城域网　　B. 网络操作系统　　C. 局域网　　D. 广域网

8. 计算机网络有线通信介质中，传输速度最快的是________。

A. 同轴电缆　　B. 光缆　　C. 双绞线　　D. 铜质电缆

9. 单位内部组建的计算机网络属于________。

A. 城域网　　B. 局域网　　C. 内部管理网　　D. 部门公共信息网

10. 调制解调器的作用是________。

A. 实现计算机的远程联网

B. 在计算机之间传输二进制信号

C. 实现数字信号和模拟信号的相互转换

D. 提高计算机之间的通信速度

11. 使用浏览器浏览网页时，光标移上去变成“小手”样式的地方称为________。

A. 跳转　B. 超链接　C. 临时页　D. Cookies

12. 在计算机网络中双绞线传输的信号是________。

A. 模拟信号　B. 无线信号　C. 基带信号　D. 数字信号

13. 网络数据通信系统由数据终端设备、________和数据传输信道 3 部分组成。

A. 数据通信设备　B. 数据存储设备　C. 无线传输设备　D. 数据传输信道

14. 下列关于 IPv4 地址与 IPv6 地址的描述，正确的是________。

A. IPv4 地址和 IPv6 地址都为 32 位　B. IPv4 地址为 32 位，IPv6 地址为 128 位

C. IPv4 地址和 IPv6 地址都为 128 位　D. IPv4 地址为 128 位，IPv6 地址为 32 位

15. 下列属于数据通信设备的是________。

A. 服务器　B. 路由器　C. 电话线　D. 终端设备

16. 若一台主机希望自动获得 IP 地址，那么应该使用的协议为________。

A. ARP　B. RARP　C. DNS　D. DHCP

17. 计算机网络最突出的优点是________。

A. 运算速度快　B. 存储容量大

C. 运算容量大　D. 进行数据通信和资源共享

18. OSI 参考模型的最高层是________，最底层是________。

A. 网络层/应用层　B. 应用层/物理层

C. 传输层/链路层　D. 表示层/物理层

19. 数字调制是一个将数字信号转换成模拟信号的过程，在数字调制方法中，________是指通过改变载波信号的振幅来表示数字信号 0 和 1。

A. 调频　B. 调幅　C. 调相　D. 编码

20. 按数据的传输方式，以下________不是网络数据的通信方式。

A. 半双工通信　B. 单工通信　C. 全双工通信　D. 并行通信

21. ISP 是指________。

A. 信息内容提供商　B. 硬件产品提供商

C. 网络服务提供商　D. 软件产品提供商

22. 我们可以使用下列的________软件在网络上浏览网页。

A. Microsoft Word　B. Internet Explorer

C. Microsoft FrontPage　D. 网上邻居

23. 以下________不是计算机网络常采用的拓扑结构。

A. 星形拓扑结构　B. 分布式结构

C. 总线型拓扑结构　D. 环形拓扑结构

24. 下面 IP 地址属于 C 类 IP 地址的是________。

A. 125.54.21.3　　B. 193.66.31.4
C. 129.57.57.96　　D. 240.37.59.62

25. 计算机网络中使用的设备 Hub 是指________。

A. 鼠标　　B. 键盘　　C. 集线器　　D. 光驱

26. Internet 网站域名中的 com 代表________。

A. 政府部门　　B. 商业机构　　C. 网络服务　　D. 一般用户

27. HTML 的中文名是________。

A. 主页制作语言　　B. 超文本标记语言
C. 万维网编程语言　　D. Internet 编程语言

28. 网络中的域名由多个代表不同层次的域用________连接构成。

A. 小圆点　　B. 逗号　　C. 分号　　D. 引号

29. 在下面的服务中，________不是 Internet 提供的应用服务。

A. WWW 服务　　B. E-mail 服务　　C. FTP 服务　　D. NetBIOS 服务

30. 电子信箱地址的格式是________。

A. 用户名@主机域名　　B. 主机名@用户名
C. 用户名．主机域名　　D. 主机域名．用户名

31. Internet 中 URL 的含义是________。

A. Internet 协议　　B. 统一资源定位器
C. 简单邮件传输协议　　D. 网页浏览器

32. 从网址 www.ynu.edu.cn 可以看出它是中国的一个________站点。

A. 商业部门　　B. 政府部门　　C. 教育部门　　D. 科技部门

33. 域名与 IP 地址的关系是________。

A. 一个域名对应多个 IP 地址　　B. 一个 IP 地址对应多个域名
C. 域名和 IP 地址没有任何关系　　D. 一个域名对应一个 IP 地址

34. 当用户从 Internet 获取邮件时，用户的电子信箱是设在________。

A. 用户计算机上　　B. 发信给用户的计算机上
C. 用户的邮件服务器上　　D. 根本不存在电子信箱

35. 匿名 FTP 服务器的含义是________。

A. 在 Internet 上没有地址的 FTP 服务
B. 允许没有账号的用户登录 FTP 服务器
C. 发送一封匿名信
D. 可以不受限制地使用 FTP 服务器上的资源

二、填空题

1. 使用标准化体系结构的计算机网络是第__________阶段的计算机网络。

2. 计算机网络是计算机技术与__________技术相结合的产物。

3. 按网络的作用范围来划分网络，计算机网络可划分为__________、__________和__________。

4. 从网络逻辑功能角度把计算机网络分成__________和__________两部分。

5. 在网络中接收电子邮件所使用的传输协议是__________。

6. PCM 的中文名是__________。

7. OSI 参考模型把网络划分成__________层。

8. 在计算机网络中，IPv4 地址由__________位二进制数字组成，每__________位为一组，共分为__________组；IPv6 地址由__________位二进制数字组成，每__________位为一组，共分为__________组。

9. 在 Internet 中，__________用来实现域名和 IP 地址之间的自动转换。

10. 在计算机网络中，__________的作用是识别子网和判断主机所属网络。

11. 计算机网络协议的三要素分别是__________、__________和__________。

12. Internet 接入方式中的 ADSL 是指__________。

13. 当接收到电子邮件带有回形针标记时，表示该邮件带有__________。

14. IP 地址由__________和__________两部分组成。

15. 在计算机网络中，使用__________来连接不同网络体系结构的网络。

16. 匿名 FTP 通常以__________作为用户名，一般要求用__________作为口令。

17. 在计算机网络组网结构中，网络连接的几何排列形状称为__________。

18. 计算机网络按通信介质划分为__________和__________两类。

19. 网络数据通信中，把需要传输的数据变换为数字信号的过程称为__________。

20. 在进行数据编码时，需要通过__________、__________和编码 3 个步骤把模拟信号转换为数字信号。

第 9 章答案

第 10 章

文字处理软件 Word 2016 知识习题

一、选择题

1. Word 2016 是一种________软件。

A. 工程设计　　B. 文字处理　　C. 表格处理　　D. 图形处理

2. Word 2016 默认的文件扩展名是________。

A. . doc　　B. . docx　　C. . docm　　D. . dotm

3. 创建空白文档的快捷键是________。

A. 〈Ctrl+O〉　　B. 〈Ctrl+P〉　　C. 〈Ctrl+A〉　　D. 〈Ctrl+N〉

4. 关于文档的保存，以下说法中正确的是________。

A. 对新创建的文档只能执行“另存为”命令，不能执行“保存”命令

B. 对原有的文档不能执行“另存为”命令，只能执行“保存”命令

C. 对新创建的文档能执行“保存”“另存为”命令，但都按照“另存为”去实现

D. 对原有的文档能执行“保存”“另存为”命令，但都按照“保存”去实现

5. 在 Word 2016 中，“打开”文档的作用是________。

A. 将指定的文档从内存中读入并显示出来

B. 为指定的文档打开一个空白窗口

C. 将指定的文档从外存中读入并显示出来

D. 显示并打印指定文档的内容

6. 在文档中输入文字时，下列快捷键________可以用来切换各种输入法。

A. 〈Ctrl+Shift〉　　B. 〈Ctrl+空格〉　　C. 〈Shift+空格〉　　D. 〈Ctrl+Alt〉

7. 在中文 Windows 10 环境下，Word 2016 编辑中，切换两种编辑状态（插入与改写）的命令按键是________。

A. 〈Delete〉　　B. 〈Esc〉　　C. 〈Insert〉　　D. 〈Backspace〉

8. 在 Word 2016 编辑状态，执行“复制”命令后________。

A. 被选择的内容将复制到插入点处

B. 被选择的内容将复制到剪贴板

C. 被选择的内容出现在复制内容之后

D. 光标所在的段落内容被复制到剪贴板

9. 在 Word 2016 编辑状态下，选中文本后，按住〈Ctrl〉键不放，用鼠标拖动选定的文本块到目标位置，将________。

A. 实现文本块的移动　　B. 实现文本块的复制

C. 实现文本块的复制与粘贴　　D. 不实现任何功能

10. 在 Word 2016 中，格式刷的作用是________。

A. 复制文本的段落格式　　B. 复制文本的样式

C. 复制文本的字体和字号格式　　D. 以上都是

11. 在 Word 2016 中，用快捷键________选定整个文档。

A.〈Ctrl+A〉　B.〈Ctrl+C〉　C.〈Ctrl+V〉　D.〈Ctrl+F〉

12. 在 Word 2016 中，选择不连续的文本，可以通过________操作实现。

A. 按住〈Alt〉键+拖动鼠标　　B. 按住〈Ctrl〉键+拖动鼠标

C. 按住〈Shift〉键+拖动鼠标　　D. 直接拖动鼠标

13. 在 Word 2016 编辑状态下，要撤销上一次操作的快捷键是________。

A.〈Ctrl+H〉　B.〈Ctrl+Z〉　C.〈Ctrl+Y〉　D.〈Ctrl+U〉

14. 在 Word 2016 中，“查找与替换”功能作用于________。

A. 文字　　B. 格式

C. 特殊字符或通配符　　D. 以上都是

15. 将 Word 2016 文档中的大写英文字母转换为小写，最优的操作方法是________。

A. 在“开始”选项卡的“字体”组中，执行“更改大小写”命令

B. 在“审阅”选项卡的“格式”组中，执行“更改大小写”命令

C. 在“引用”选项卡的“字体”组中，执行“更改大小写”命令

D. 右击，执行快捷菜单中的“更改大小写”命令

16. 在 Word 文档中有一段落的最后一行只有一个字符，想把该字符合并到上一行，下述方法中，无法达到该目的的是________。

A. 减小页的左右边距　　B. 减小该段落的字体的字号

C. 减小该段落的字间距　　D. 减小该段落的行间距

17. 要设置行距小于标准的单倍行距，需要选择________再输入磅值。

A. 两倍　B. 单倍　C. 固定值　D. 最小值

18. 在“页面设置”对话框中，可以设置________。

A. 页边距　B. 纸张方向　C. 纸张大小　D. 以上都可以

19. Word 2016 最大的缩放比例是________。

A. 100%　B. 200%　C. 300%　D. 500%

20. 要对一个文档中多个不连续的段落设置相同的格式，下列操作方法中效率最高的是________。

A. 插入点定位在样板段落处，单击“格式刷”按钮，再将光针拖过其他多个需格式化的段落

B. 选用同一个“样式”来格式化这些段落

C. 选用同一个“模板”来格式化这些段落

D. 利用“替换”命令来格式化这些段落

21. 在 Word 2016 中，有关表格的操作，以下说法不正确的是________。

A. 文本能转换成表格　　B. 表格能转换成文本

C. 文本与表格可以相互转换　　D. 文本与表格不能相互转换

22. 在 Word 2016 中，当插入点在表格的右下角的单元格内时，按〈Tab〉键，其功能是________。

A. 增加单元格所在行的行高　　B. 在表格底部增加一空行

C. 在单元格所在列的右边插入一空列　　D. 把光标右移一制表位

23. 在 Word 2016 的表格中，当单元格内容发生变化时，按________键可对计算结果进行更新。

A. 〈F1〉　　B. 〈F2〉　　C. 〈F5〉　　D. 〈F9〉

24. 在 Word 2016 的表格中，对数据进行排序，最多可进行________重排序。

A. 一　　B. 二　　C. 三　　D. 四

25. 在 Word 2016 表格中，欲对统计函数（如平均、最大）的值进行有效排序，应选择排序的类型是________。

A. 按“笔画”排序　　B. 按“数字”排序

C. 按“日期”排序　　D. 按“拼音”排序

26. 在 Word 2016 表格的某单元格中，若要得到其上各行数据的总和，则________。

A. 在该单元格中直接输入“=SUM（ABOVE）”并按〈Enter〉键

B. 在“表格计算”对话框中输入“上边各行求和”并单击“确定”按钮

C. 在“公式”对话框中的“公式”文本框中输入“=SUM（ABOVE）”并单击“确定”按钮

D. 只能通过手工计算，再将得到的结果填入该单元格中

27. 在 Word 2016 中插入的图片，与文字的环绕方式不包括________。

A. 嵌入型　　B. 四周型　　C. 上下型　　D. 左右型

28. 在 Word 2016 中插入的 SmartArt 图形不包括________类别的图形。

A. 列表　　B. 对称　　C. 关系　　D. 棱锥图

29. 在 Word 2016 中，通过单击________选项卡中的“艺术字”按钮来输入艺术字。

A. “插入”　　B. “设计”　　C. “布局”　　D. “视图”

30. 为一个多页的 Word 文档添加页面图片背景，最优的操作方法是________。

A. 在每一页中分别插入图片，并设置图片的环绕方式为衬于文字下方

B. 利用水印功能，将图片设置为文档水印

C. 利用页面填充效果功能，将图片设置为页面背景

D. 执行“插入”选项卡中的“页面背景”命令，将图片设置为页面背景

31. 制作多级列表时，可通过单击“开始”选项卡中“段落”组内的________按钮来降低文本级别。

A. “增加缩进量”　　B. “减少缩进量”　　C. “多级列表”　　D. “行和段落间距”

32. 在页眉或页脚处插入的日期域代码在文档打印时，________。

A. 随实际系统日期改变　　B. 固定不变

C. 变或不变根据用户设置　　D. 无法预见

33. 下列关于 Word 2016 中页眉、页脚的描述，正确的是________。

A. 页眉、页脚不可同时出现

B. 页眉、页脚的字体、字号为固定值，不能修改

C. 页眉、页脚不能删除

D. 页眉、页脚可以设置为奇偶页不同

34. 当对某段进行“首字下沉”操作后，再选中该段进行分栏操作，这时“格式”→“分栏”命令无效，原因是________。

A. 首字下沉、分栏操作不能同时进行，也就是说，设置了首字下沉后就不能进行分栏操作了

B. 分栏只能对文字操作，不能作用于图形，而首字下沉后的字具有图形的效果，只要不选中下沉的字，就可进行分栏

C. 计算机有病毒，先清除病毒，再分栏

D. Word 2016 软件有问题，重新安装 Word 2016，再分栏

35. 在 Word 2016 中的最大分栏数是________。

A. 8　　B. 9　　C. 10　　D. 11

36. 可以查看分节符的视图方式是________。

A. 阅读视图　　B. 页面视图　　C. Web 版式视图　　D. 大纲视图

37. 在 Word 2016 中，关于尾注说法错误的是________。

A. 尾注可以插入文档的结尾处　　B. 尾注可以插入节的结尾处

C. 尾注可以插入页脚中　　D. 尾注可以转换为脚注

38. 在 Word 2016 中，邮件合并功能支持的数据源不包括________。

A. Word 数据源　　B. Excel 工作表

C. PowerPoint 演示文稿　　D. Access 数据库

39. 当文档处于修订状态时，对文档内容进行修改后，则________。

A. 在文档中会留下修订的标记　　B. 在文档中不会留下修订的标记

C. 在文档中会插入一个空白的修订窗口　　D. 以上说法都不正确

40. 在 Word 2016 中，打印页码“2-8，12，15”表示打印的页码是________。

A. 第 2 页，第 8 页，第 12 页，第 15 页

B. 第 2~8 页，第 12 页，第 15 页

C. 第 2~8 页，第 12~15 页

D. 第 2 页，第 8 页，第 12~15 页

二、填空题

1. 在 Word 2016 编辑中，当文档中的某段文字误删除后，可单击快速访问工具栏上的________按钮恢复到删除前的状态。

2. 在 Word 2016 编辑中，纵向选择一块文本区域可通过按住________键不放，移动光标选择所需文本。

3. 在 Word 2016 中，段落缩进包括________、________、________和________。

4. 复制文本的快捷键是________键；剪切文本的快捷键是________键；粘贴文本的快捷键是________键。

5. 在 Word 文档编辑中，要删除光标左侧的字符，应该按__________键；要删除光标右侧的字符，应该按__________键。

6. 在 Word 文档中对文本创建完超链接后，按__________键并单击链接，则可转入被链接处。

7. 在段落的对齐方式中，__________对齐是文本默认的对齐方式。

8. 在 Word 2016 的表格操作中，求和计算的函数是__________。

9. 在 Word 2016 中有一个跨了很多页的表格，希望后续页面上都重复显示表格的标题，可将光标置于标题行，在“表格工具—布局”选项卡的“数据”组中，单击__________按钮。

10. 在 Word 2016 中，要创建文档的目录，则首先利用__________功能，对文档标题进行多级格式化。

11. 对已分栏的段落，如果要取消分栏，可在“分栏”对话框中单击__________按钮。

12. 水印是出现在文本下面的文字或图片。Word 2016 中预设了________、________和________3 种类型的文字水印。

13. 在 Word 2016 中，插入图片时，默认的环绕文字方式是__________型。

14. 如果要使用椭圆工具画正圆，使用矩形工具画正方形，需要同时按________键。

15. 在 Word 2016 中，想要删除页眉中的横线，可以选中页眉中的全部内容，在“开始”选项卡的“段落”组中单击“边框”按钮，选择__________。

第 10 章答案

第 11 章

电子表格软件 Excel 2016 知识习题

一、选择题

1. Excel 2016 中工作簿的扩展名是________。

A. . docx　　B. . xlsx　　C. . xltx　　D. . pptx

2. Excel 2016 操作界面中工作表构成了________。

A. 工作簿　　B. 工作表　　C. 单元格　　D. 数据区域

3. 工作簿最多可包含________个工作表。

A. 253　　B. 254　　C. 255　　D. 256

4. 针对 Excel 2016 工作表标签不可以进行的操作是________。

A. 新建　　B. 复制　　C. 删除　　D. 引用

5. 工作表中单元格可以相互区别的标识符称为________。

A. 单元格地址　　B. 单元格行标　　C. 单元格列标　　D. 单元格引用

6. 在 Excel 2016 中超过 11 位的数字会显示为________。

A. 科学计数　　B. 以 0 开头　　C. 以#开头　　D. 以 $ 开头

7. 若需要快速输入当前系统时间，可通过快捷键________输入。

A. 〈Ctrl+;〉　　B. 〈Ctrl+Shift+;〉　　C. 〈Shift+;〉　　D. 〈Ctrl+Shift〉

8. 将光标定位于所选单元格区域的右下角，光标变为实心黑色“+”时，称其为________。

A. 清除　　B. 格式　　C. 填充柄　　D. 选择

9. 要选中多个不连续单元格，使用的按键是________。

A. 〈Alt〉　　B. 〈Shift〉　　C. 〈Ctrl〉　　D. 〈Insert〉

10. 要选中多个连续单元格，使用的按键是________。

A. 〈Alt〉　　B. 〈Shift〉　　C. 〈Ctrl〉　　D. 〈Insert〉

11. 在活动单元格中使用快捷键________，可以进行强制自动换行。

A. 〈Shift+Enter〉　　B. 〈Shift +Enter〉　　C. 〈Alt+Ctrl〉　　D. 〈Alt+Enter〉

12. 条件格式类型中，________是基于数据大小进行设置的类型。

A. 突出显示单元格　　B. 图标集

C. 项目选取规则　　D. 数据条

13. 选中公式或函数中需要转换的单元格地址，使用________键可进行单元格引用类型的相互转换。

A.〈F1〉　　B.〈F2〉　　C.〈F3〉　　D.〈F4〉

14. ________引用在公式或函数进行复制或填充时，单元格会自动调整。

A. 绝对　　B. 相对　　C. 混合　　D. 参照

15. 下面单元格引用中，________为相对引用。

A. A1　　B. A1　　C. $A1　　D. A$1

16. 单元格间隔运算符________可以对单元格区域之间重叠的部分引用。

A. 逗号　　B. 冒号　　C. 分号　　D. 空格

17. 使用________进行的名称创建可以同时定义多个名称。

A. 根据所选内容定义　　B. “新建名称”对话框定义

C. 使用名称框定义　　D. 使用编辑框定义

18. 已经定义的名称可以在公式中引用，以实现________引用。

A. 绝对　　B. 相对　　C. 混合　　D. 参照

19. 下列运算符中，计算优先级别最高的运算符为________。

A. *　　B. &　　C. ^　　D. +

20. 使用公式时必须以________开头，后面紧接操作数和运算符。

A. #　　B. *　　C. =　　D. &

21. 在使用函数计算时可以将函数作为另一函数的参数，这样的计算方式称为________。

A. 函数复用　　B. 函数嵌套　　C. 函数调用　　D. 函数递归

22. 下面不能作为函数参数的是________。

A. 常量　　B. 变量　　C. 公式　　D. 数组

23. 任何文本条件或任何含有逻辑或数学符号的条件都必须使用________将其括起来。

A. ;　　B. “”　　C. ‘’　　D. :

24. IF 函数的必需参数个数为________。

A. 1　　B. 2　　C. 3　　D. 4

25. 对指定单元格区域中符合指定条件的值求和的函数为________。

A. SUM　　B. SUMIF　　C. SUMIFS　　D. SUMSQ

26. ________为向下取整函数。

A. INT　　B. RANK　　C. ABS　　D. ROUND

27. 当在 Excel 2016 中进行操作时，若某单元格中出现“####”的信息，其含义是________。

A. 在公式单元格引用不再有效　　B. 单元格中的数字太大

C. 计算结果太长超过了单元格宽度　　D. 在公式中使用了错误的数据类型

28. 当在 Excel 2016 中进行操作时，若某单元格中出现“# VALUE!”的信息，其含义是________。

A. 除数不能为 0 或空　　B. 函数缺少参数或函数参数不可被引用

C. 公式中正在使用一个错误的名称　　D. 函数参数输入错误数据类型

29. ________的功能是利用箭头显示哪些单元格会影响当前单元格的值。

A. “追踪从属单元格”按钮　　B. “显示公式”按钮

C. “错误检查”按钮　　D. “追踪引用单元格”按钮

30. 从 Excel 2016 的工作表产生图表时，________。

A. 无法从工作表产生图表

B. 图表既能嵌入当前工作表中，又能作为新工作表保存

C. 图表不能嵌入当前工作表中，只能作为新工作表保存

D. 图表只能嵌入当前工作表中，不能作为新工作表保存

31. ________用来标识图表中的数据系列或分类指定的图案或颜色。

A. 图例　　B. 标题　　C. 标签　　D. 系列

32. 下面选项中不属于“迷你图”的是________。

A. 散点图　　B. 折线图　　C. 柱形图　　D. 盈亏

33. ________可以同时筛选多个条件，筛选时条件之间可以是“逻辑与”的关系也可以是“逻辑或”的关系。

A. 简单筛选　　B. 复杂筛选　　C. 高级筛选　　D. 自动筛选

34. 下面关于分类汇总，描述错误的是________。

A. 分类汇总前关键字段必须进行排序

B. 分类汇总可以被删除，但是排序操作不能撤销

C. 分类汇总的分类字段只能为一个字段

D. 分类汇总的方式就是进行求和计算

35. 在数据透视表中，________能够使数据之间产生关联。

A. 折线图　　B. 图例　　C. 切片器　　D. 字段

二、填空题

1. 工作表还可以通过选择进行批量格式化，通过使用快捷键__________可以进行工作表的全选。

2. 名称框通常用于显示当前__________的地址、名称或对单元格进行命名操作。

3. 负数在输入时可以在负数之前输入负号“-”或者将该数放置在__________中。

4. 在电子表格输入数据时，用户经常需要输入一些规律性数据，使用__________功能可以在用户工作量得以减少的同时保证数据的准确性。

5. 选中需要进行操作的对象后可通过快捷键__________进行剪切。

6. __________是指在表格计算时不直接使用单元格中的具体值而是使用单元格地址来进行替代的方式。

7. 使用名称框定义名称，输入完成后按__________键完成命名工作。

8. Excel 2016 函数可以分为__________和扩展函数两类。

9. 函数计算中，参数外如果有中括号，则表示参数为__________参数。

10. 四舍五入函数 ROUND 中，必需参数有__________个。

11. Excel 2016 中，多条件求平均值函数的函数名为__________。

12. __________按钮的功能是检查追踪常见的公式错误。

13. 通过__________可以让用户非常清晰地掌握数据的局部与全局之间的比例关系，各项数据动态变化的情况、规律和趋势等。

14. 数据筛选可以快速定位符合特定条件的数据并将无用信息进行隐藏，常用的筛选方法分为自动筛选和__________两种方式。

15. Excel 2016 分类汇总时，分类的字段数据在分组之前需要先进行__________。

16. __________可以对日期字段进行快速筛选并对对应的其他数据进行汇总。

第 11 章答案

第 12 章

演示文稿软件 PowerPoint 2016 知识习题

一、选择题

1. 下列视图中不属于 PowerPoint 2016 提供的视图方式的是________。

A. 普通视图　　B. 大纲视图

C. 幻灯片浏览视图　　D. Web 版式视图

2. 在 PowerPoint 2016 中，插入一张新幻灯片的快捷键是__________。

A. 〈Ctrl+N〉　　B. 〈Alt+N〉　　C. 〈Ctrl+M〉　　D. 〈Ctrl+I〉

3. 一个演示文稿中________幻灯片版式。

A. 只能包含一种　　B. 只能包含三种　　C. 只能包含两种　　D. 可以包含多种

4. 新建一个演示文稿时，第一张幻灯片的默认版式是________。

A. 标题幻灯片　　B. 标题和内容　　C. 仅标题　　D. 空白

5. 在 PowerPoint 2016 中，幻灯片浏览视图主要用于________。

A. 对所有幻灯片进行整理编排或次序调整

B. 对所有幻灯片进行编辑修改及格式调整

C. 对幻灯片的内容进行动画设计

D. 观看幻灯片的播放效果

6. 在空白幻灯片中不可以直接插入________。

A. 艺术字　　B. 文字　　C. 公式　　D. 文本框

7. 在 PowerPoint 演示文稿中，通过分节组织幻灯片，如果要选中某节内的所有幻灯片，最优的操作方法是________。

A. 选中该节的第一张幻灯片，然后按住〈Ctrl〉键，再逐个选中该节内的其他幻灯片

B. 选中该节的第一张幻灯片，然后按住〈Shift〉键，再单击该节最后一张幻灯片

C. 按快捷键〈Ctrl+A〉

D. 单击节标题

8. 对于幻灯片中插入的音频，下列叙述错误的是________。

A. 可以循环播放，直到停止　　B. 可以跨幻灯片播放

C. 可以裁剪音频　　D. 音频小图标不可以隐藏

9. 以下不能被 PowerPoint 2016 直接支持的音频文件格式是________。

A. wav　　B. mp3　　C. rm　　D. wam

10. 在 PowerPoint 2016 中，对演示文稿的背景，以下说法错误的是________。

A. 可以对某张幻灯片的背景进行设置

B. 可以对整个演示文稿的背景进行统一设置

C. 可以使用图片作背景

D. 添加了模板的幻灯片，不能再使用“背景”命令

11. 将幻灯片改为“灰度”是在________选项卡中设置。

A. “开始”　　B. “设计”　　C. “视图”　　D. “审阅”

12. 在 PowerPoint 2016 演示文稿中插入超链接，所链接的目标不能是________。

A. 幻灯片中的某一个对象　　B. 另一个演示文稿

C. 同一演示文稿的某一张幻灯片　　D. 其他应用程序的文档

13. 在 PowerPoint 2016 幻灯片母版中不能进行的操作是________。

A. 插入超链接　　B. 插入艺术字　　C. 插入占位符　　D. 插入页眉、页脚

14. 如果需要在一个演示文稿的每页幻灯片右上角相同位置插入学校的校徽图片，最优的操作方法是________。

A. 打开幻灯片母版视图，将校徽图片插入母版中

B. 打开幻灯片普通视图，将校徽图片插入幻灯片中

C. 打开幻灯片放映视图，将校徽图片插入幻灯片中

D. 打开幻灯片浏览视图，将校徽图片插入幻灯片中

15. 若 PowerPoint 2016 工作区中出现了两条横跨屏幕的细虚线，是因为________。

A. 屏幕坏了　　B. 不小心显示了参考线

C. 不小心显示了标尺　　D. 不小心显示了网格线

16. 下列不是 PowerPoint 2016 母版种类的是________。

A. 幻灯片母版　　B. 讲义母版　　C. 备注母版　　D. 放映母版

17. 下面不是 PowerPoint 2016 幻灯片切换效果的是________。

A. 细微型　　B. 动态型　　C. 温和型　　D. 华丽型

18. 要想让幻灯片上的对象沿某个路径运动，需要使用的动画切换效果是________。

A. 进入　　B. 强调　　C. 动作路径　　D. 退出

19. 在演示文稿中，需要从第 1 张幻灯片跳转到第 5 张幻灯片，可以通过________进行设置。

A. 超链接　　B. 动画效果　　C. 幻灯片切换　　D. 排练计时

20. 在 PowerPoint 2016 中，下列说法中错误的是________。

A. 可以动态显示文本和对象　　B. 可以更改动画对象的出现顺序

C. 图表不可以设置动画效果　　D. 可以设置幻灯片切换效果

21. 在 PowerPoint 2016 中，如需对一幅图片应用多个动画效果，则正确的操作方法是________。

A. 复制两个相同的图片，分别应用不同的动画效果后，再将其完全重叠

B. 不能对一幅图片添加多个不同的动画效果

C. 选中图片，在“动画”选项卡的动画列表中依次选择不同的动画效果即可

D. 先对图片添加一个动画效果，然后在“动画”选项卡的“高级动画”组中，通过“添加动画”功能完成

22. 在为某演示文稿设置了________后，演示文稿中的幻灯片就可以自动播放，而不需要键盘和鼠标动作的干预。

A. 超级链接　B. 排练计时　C. 动作按钮　D. 录制旁白

23. 在 PowerPoint 2016 中，复制某个对象的动画设置到另一个对象上，我们可以使用________。

A. 样式刷　B. 〈Ctrl+C〉　C. 格式刷　D. 动画刷

24. 如需将 PowerPoint 演示文稿中的 SmartArt 图形列表内容通过动画效果一个一个分别展现出来，最优的操作方法是________。

A. 将 SmartArt 动画效果选项设置为“作为一个对象”

B. 将 SmartArt 动画效果选项设置为“整批发送”

C. 将 SmartArt 动画效果选项设置为“逐个”

D. 将 SmartArt 动画效果选项设置为“逐个按级别”

25. 在 PowerPoint 2016 中，可以通过________创建 PowerPoint 相册。

A. 在“幻灯片放映”选项卡“开始放映幻灯片”组中，单击“自定义幻灯片放映”按钮

B. 在“插入”选项卡的“图像”组中，单击“相册”按钮

C. 在“插入”选项卡的“插图”组中，单击“相册”按钮

D. 在“设计”选项卡的“自定义”组中，单击“相册”按钮

26. 在 PowerPoint 2016 的下列视图模式中，无法查看动画效果的是________。

A. 普通视图　B. 幻灯片浏览视图

C. 备注页视图　D. 阅读视图

27. 小王用 PowerPoint 2016 制作了一份产品宣传方案，希望在演示时能够满足不同用户的需要，处理该演示文稿的最优操作方法是________。

A. 制作一份包含适合所有用户群体的全部内容的演示文稿，每次放映时按需要进行删减

B. 制作一份包含适合所有用户群体的全部内容的演示文稿，放映前隐藏不需要的幻灯片

C. 制作一份包含适合所有用户群体的全部内容的演示文稿，利用自定义幻灯片放映功能创建不同的放映方案

D. 针对不同用户群体，分别制作不同的演示文稿

28. 将一个 PowerPoint 演示文稿保存为放映文件，最优的操作方法是________。

A. 将演示文稿另存为 .potx　B. 将演示文稿另存为 .ppsx

C. 将演示文稿另存为 .pptm　D. 将演示文稿另存为 .pptx

29. 下列关于退出 PowerPoint 2016 的方法错误的是________。

A. 单击演示文稿窗口右上角“×”按钮

B. 按快捷键〈Alt+X〉

C. 执行“文件”→“关闭”命令

D. 启动任务管理器结束“PowerPoint. exe”进程

30. PowerPoint 2016 提供了文件的________功能，可以将演示文稿、其所链接的各种声音、图片等外部文件，以及有关的播放程序都存放在一起。

A. 定位　　B. 另存为　　C. 存储　　D. 打包

二、填空题

1. PowerPoint 2016 模板文件的默认扩展名为________，演示文稿的默认扩展名为________。

2. 在 PowerPoint 2016 中，默认的视图模式是__________视图。

3. 复制、删除、移动幻灯片可以在________视图、________视图下进行。

4. 要选中不连续的多张幻灯片，应在幻灯片浏览视图下，按住__________键，单击所需的幻灯片。

5. 当需要从其他演示文稿中复制幻灯片时，可以使用________功能快速重建，提高制作效率。

6. 要给幻灯片添加页眉和页脚，可以在__________选项卡的__________组中，单击“页眉页脚”按钮。

7. 在 PowerPoint 2016 中，要自定义幻灯片的大小时，应在__________选项卡中操作。

8. 在 PowerPoint 2016 中，实现单击某个对象启动另一个对象的动画效果，可以使用__________功能来实现。

9. 若要更改一张幻灯片中各对象的动画出现顺序，可以在__________选项卡的__________组中，单击“动画窗格”按钮进行设置。

10. 在 PowerPoint 2016 中要隐藏某个幻灯片，可以在________选项卡的“设置”组中，单击“隐藏幻灯片”按钮实现。

11. 在 PowerPoint 2016 中，按__________键，从当前幻灯片开始放映；按__________键，从第一张幻灯片开始放映。

12. 在打开的演示文稿中，设置母版是在__________选项卡下进行。

13. 要退出正在放映的幻灯片，可以按__________键。

14. 在 PowerPoint 2016 中，提供了__________、__________、__________3 种放映方式，分别用于不同的播放场合。

15. 在 PowerPoint 2016 中，一张 A4 纸最多可以打印__________张幻灯片。

第 12 章答案

第 13 章

数据结构基础知识习题

一、选择题

1. 以下数据结构中不属于线性结构的是________。
A. 队列　　B. 线性表　　C. 二叉树　　D. 栈
2. 数据的存储结构是指________。
A. 存储在外存中的数据、数据所占的存储空间量
B. 数据在计算机中的顺序存储方式
C. 数据在计算机中的链式存储方式
D. 数据的逻辑结构在计算机中的表示
3. 下列叙述中正确的是________。
A. 一个逻辑数据结构只能有一种存储结构
B. 数据的逻辑结构属于线性结构，存储结构属于非线性结构
C. 一个逻辑数据结构可以有多种存储结构，且各种存储结构不影响数据处理的效率
D. 一个逻辑数据结构可以有多种存储结构，且各种存储结构影响数据处理的效率
4. 下列叙述中正确的是________。
A. 有且只有一个根节点的数据结构一定是线性结构
B. 每一个节点最多有一个前驱也最多有一个后继的数据结构一定是线性结构
C. 有且只有一个根节点的数据结构一定是非线性结构
D. 有且只有一个根节点的数据结构可能是线性结构，也可能是非线性结构
5. 线性表的顺序存储结构和线性表的链式存储结构分别是________。
A. 顺序存取的存储结构、顺序存取的存储结构
B. 随机存取的存储结构、顺序存取的存储结构
C. 随机存取的存储结构、随机存取的存储结构
D. 任意存储的存储结构、任意存储的存储结构
6. 在单链表中，增加头节点的目的是________。
A. 方便运算的实现　　B. 使单链表至少有一个节点

C. 标识表节点中首节点的位置　　　　D. 说明单链表是线性表的链式存储实现

7. 用链表表示线性表的优点是________。

A. 便于插入和删除操作

B. 数据元素的物理顺序和逻辑顺序相同

C. 花费的存储空间较顺序存储少

D. 便于随机存取

8. 下列叙述中正确的是________。

A. 线性表的链式存储结构与顺序存储结构所需要的存储空间是相同的

B. 线性表的链式存储结构所需要的存储空间一般要多于顺序存储结构

C. 线性表的链式存储结构所需要的存储空间一般要少于顺序存储结构

D. 上述说法都不正确

9. 下列叙述中错误的是________。

A. 在双向链表中，可以从任何一个节点开始直接遍历所有节点

B. 在循环链表中，可以从任何一个节点开始直接遍历所有节点

C. 在线性单链表中，可以从任何一个节点开始直接遍历所有节点

D. 在二叉链表中，可以从根节点开始遍历所有节点

10. 下列关于栈的描述中错误的是________。

A. 栈是先进后出的线性表

B. 栈只能顺序存储

C. 栈具有记忆作用

D. 对栈的插入与删除操作中，不需要改变栈底指针

11. 下列关于栈的描述正确的是________。

A. 在栈中只能插入元素而不能删除元素

B. 在栈中只能删除元素而不能插入元素

C. 栈是特殊的线性表，只能在一端插入或删除元素

D. 栈是特殊的线性表，只能在一端插入元素，而在另一端删除元素

12. 按照“后进先出”原则组织数据的数据结构是________。

A. 队列　　　B. 栈　　　C. 双向链表　　　D. 二叉树

13. 下列叙述中正确的是________。

A. 在栈中，栈中元素随栈底指针与栈顶指针的变化而动态变化

B. 在栈中，栈顶指针不变，栈中元素随栈底指针的变化而动态变化

C. 在栈中，栈底指针不变，栈中元素随栈顶指针的变化而动态变化

D. 上述说法都不正确

14. 下列关于栈，叙述正确的是________。

A. 栈顶元素最先能被删除　　　B. 栈顶元素最后才能被删除

C. 栈底元素永远不能被删除　　　D. 上述说法都不正确

15. 设栈的存储空间为 $S(1:50)$，初始状态为 top = 50。现经过一系列正常的入栈与出栈操作后，top = 49，则栈中的元素个数为________。

A. 50　　　B. 0　　　C. 1　　　D. 49

16. 设栈的顺序存储空间为 $S(0:49)$，栈底指针 bottom = 49，栈顶指针 top = 30（指向

栈顶元素)，则栈中的元素个数为________。

A. 30　　B. 29　　C. 20　　D. 19

17. 下列关于队列的叙述中正确的是________。

A. 在队列中只能插入数据　　B. 在队列中只能删除数据

C. 队列是先进先出的线性表　　D. 队列是先进后出的线性表

18. 栈和队列的共同点是________。

A. 都是先进先出　　B. 都是先进后出

C. 只允许在端点处插入和删除元素　　D. 没有共同点

19. 下列对队列的叙述中正确的是________。

A. 队列属于非线性表　　B. 队列按“先进后出”原则组织数据

C. 队列在队尾删除数据　　D. 队列按“先进先出”原则组织数据

20. 对于循环队列，下列叙述中正确的是________。

A. 队头指针是固定不变的

B. 队头指针一定大于队尾指针

C. 队头指针一定小于队尾指针

D. 队头指针可以大于队尾指针，也可以小于队尾指针

21. 设循环队列为 $Q(1:m)$，其初始状态为 front = rear = m。经过一系列入队与出队运算后，front = 15，rear = 20，在该循环队列中寻找最大值的元素，最坏情况下需要比较的次数为________。

A. 4　　B. 6　　C. $m-5$　　D. $m-6$

22. 设循环队列的存储空间为 Q（1∶35），初始状态为 front = rear = 35，现经过一系列入队与出队运算后，front = 15，rear = 15，则循环队列中的元素个数为________。

A. 15　　B. 16　　C. 20　　D. 0 或 35

23. 下列叙述中正确的是________。

A. 循环队列中有队头和队尾两个指针，因此，循环队列是非线性结构

B. 循环队列中，只需要队头指针就能反映队列中元素的动态变化情况

C. 循环队列中，只需要队尾指针就能反映队列中元素的动态变化情况

D. 循环队列中元素的个数是由队头指针和队尾指针共同决定的

24. 在一棵二叉树上第 5 层的节点数最多是________。

A. 8　　B. 16　　C. 32　　D. 15

25. 一棵二叉树中共有 70 个叶子节点与 80 个度为 1 的节点，则该二叉树中的总节点数为________。

A. 219　　B. 221　　C. 229　　D. 231

26. 下列数据结构中，属于非线性结构的是________。

A. 循环队列　　B. 链队　　C. 二叉树　　D. 链栈

27. 下列关于二叉树的叙述中，正确的是________。

A. 叶子节点总是比度为 2 的节点少一个

B. 叶子节点总是比度为 2 的节点多一个

C. 叶子节点数是度为 2 的节点数的两倍

D. 度为 2 的节点数是度为 1 的节点数的 2 倍

28. 对下列二叉树进行中序遍历的结果是________。

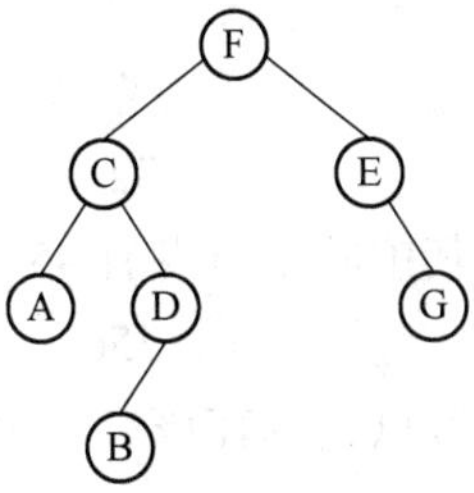

A. ACBDFEG　　B. ACBDFGE　　C. ABDCGEF　　D. FCADBEG

29. 对下列二叉树进行前序遍历的结果是________。

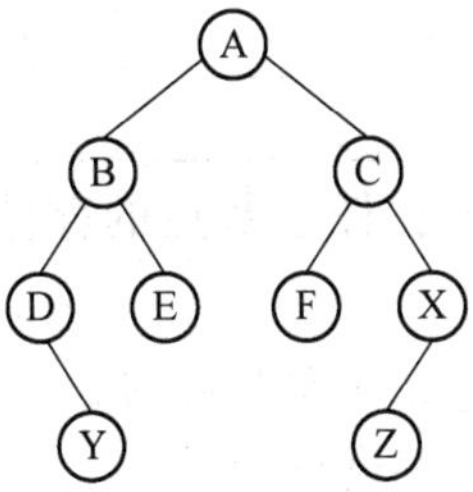

A. DYBEAFCZX　　B. YDEBFZXCA　　C. ABDYECFXZ　　D. ABCDEFXYZ

30. 设二叉树的中序序列为 BCDA，前序序列为 ABCD，则该二叉树的后序序列为________。

A. CBDA　　B. DCBA　　C. BCDA　　D. ACDB

31. 设某二叉树的后序序列为 CBA，中序序列为 ABC，则该二叉树的前序序列为________。

A. BCA　　B. CBA　　C. ABC　　D. CAB

32. 某二叉树的前序序列为 ABCDEFG，中序序列为 DCBAEFG，则二叉树的深度（根节点在第 1 层）为________。

A. 2　　B. 3　　C. 4　　D. 5

33. 某二叉树的前序序列为 ABCDEFG，中序序列为 DCBAEFG，则二叉树的后序序列为________。

A. EFGDCBA　　B. DCBEFGA　　C. BCDGFEA　　D. DCBGFEA

34. 某系统总体结构如下图所示：

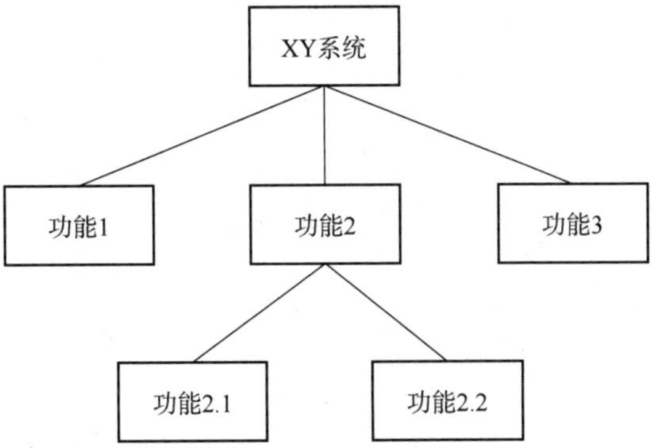

该系统总体结构的深度是________。

A. 7　　B. 6　　C. 3　　D. 2

35. 在深度为 7 的满二叉树中，度为 2 的节点个数为________。

A. 64　　B. 63　　C. 32　　D. 31

36. 某二叉树共有 845 个节点，其中叶子节点有 45 个，则度为 1 的节点数为________。

A. 400　　B. 754　　C. 756　　D. 不确定

37. 一棵完全二叉树共有 360 个节点，则在该二叉树中度为 1 的节点个数为________。

A. 0　　B. 1　　C. 180　　D. 181

二、填空题

1. 数据结构可分为__________结构和__________结构。

2. 数据的逻辑结构被分为__________、__________、__________和__________。

3. 在单链表中，除了表头节点外，任意节点的存储位置由其直接__________节点的指针域的值所指示。

4. 栈顶的位置是随着__________操作而变化的。

5. 队列的删除操作是在__________进行的。

6. 若进栈序列为 a，b，c，且进栈和出栈可以穿插进行，则可能出现__________种不同的出栈序列。

7. 队列是一种限定在表的一端插入、在另一端进行删除的线性表，它又被称为__________表。

8. 假设一棵二叉树的节点数为 18，则它的最小高度为__________。

9. 设二叉树根节点的层次为 0，一棵高度为 h 的满二叉树中的叶子节点个数是__________。

10. 已知一棵二叉树的先序序列为 ABDFCE，中序序列为 DFBACE，则后序序列为__________。

第 13 章答案

第 14 章

算法设计基础知识习题

一、选择题

1. 下列叙述中正确的是________。

A. 算法的执行效率与数据的存储结构无关

B. 算法的空间复杂度是指算法程序中指令（或语句）的条数

C. 算法的有穷性是指算法必须能在执行有限个步骤之后终止

D. 以上说法都不正确

2. 下列叙述中正确的是________。

A. 算法的效率只与问题的规模有关，而与数据的存储结构无关

B. 算法的时间复杂度是指执行算法所需要的计算工作量

C. 数据的逻辑结构与存储结构是一一对应的

D. 算法的时间复杂度与空间复杂度一定相关

3. 算法的时间复杂度是指________。

A. 执行算法程序所需要的时间

B. 算法程序的长度

C. 算法执行过程中所需要的基本运算次数

D. 算法程序中的指令条数

4. 算法的空间复杂度是指________。

A. 算法程序的长度　　B. 算法程序中的指令条数

C. 算法程序所占的存储空间　　D. 算法执行过程中所需要的存储空间

5. 在计算机中，算法是指________。

A. 查询方法　　B. 加工方法

C. 排序方法　　D. 解题方案的准确而完整的描述

6. 在下列几种排序方法中，要求内存量最大的是________。

A. 插入排序　　B. 选择排序　　C. 快速排序　　D. 归并排序

7. 算法分析的目的是________。

A. 找出数据结构的合理性　　B. 找出算法中输入和输出之间的关系

C. 分析算法的易懂性和可靠性　　D. 分析算法的效率以求改进

8. 下列叙述中正确的是________。

A. 所谓算法就是计算方法　　B. 程序可以作为算法的一种描述方法

C. 算法设计只需考虑得到计算结果　　D. 算法设计可以忽略算法的运算时间

9. 下列叙述中正确的是________。

A. 算法就是程序

B. 设计算法时只需要考虑数据结构的设计

C. 设计算法时只需要考虑结果的可靠性

D. 设计算法时需要同时考虑时间复杂度和空间复杂度

10. 算法应当具有的特性不包括________。

A. 可行性　　B. 有穷性　　C. 确定性　　D. 美观性

11. 算法的有穷性是指________。

A. 算法程序的运行时间是有限的　　B. 算法程序所处理的数据量是有限的

C. 算法程序的长度是有限的　　D. 算法只能被有限的用户使用

12. 下列选项中，不属于算法基本运算的是________。

A. 位运算　　B. 关系运算　　C. 算数运算　　D. 逻辑运算

13. 下列选项中，不属于算法基本设计方法的是________。

A. 列举法　　B. 归纳法　　C. 循环法　　D. 回溯法

14. 下列叙述中正确的是________。

A. 一个算法的空间复杂度大，则其时间复杂度也必定大

B. 一个算法的空间复杂度大，则其时间复杂度也必定小

C. 一个算法的时间复杂度大，则其空间复杂度也必定大

D. 以上说法都不正确

15. 下列叙述中，正确的是________。

A. 二分查找算法只适用于顺序存储的有序线性表

B. 二分查找算法只适用于链式存储的有序线性表

C. 二分查找算法适用于有序循环链表

D. 二分查找算法适用于双向循环链表

16. 对于长度为 n 的线性表进行顺序查找，在最坏的情况下需要进行比较的次数为________。

A. $\log_2 n$　　B. $n/2$　　C. n　　D. $n-1$

17. 对于长度为 n 的线性表，在最坏的情况下，冒泡排序算法的比较次数为________。

A. n　　B. $n/2$　　C. $n(n-1)/2$　　D. $n\log_2 n$

18. 在希尔排序算法中，每经过一次数据交换后，________。

A. 都会产生一个逆序　　B. 能消除多个逆序

C. 只能消除一个逆序　　D. 消除一个逆序的同时会产生多个逆序

19. 希尔排序算法属于________。

A. 交换排序算法　　B. 插入排序算法　　C. 选择排序算法　　D. 建堆排序算法

20. 使用堆排序算法对序列进行排序，首先就要建堆，下列序列属于堆的是________。

A. {13，16，11，18，12，10，9}　　B. {16，13，11，18，12，10，9}

C. {18，16，12，13，11，10，9}　　D. {18，12，16，13，11，10，9}

21. 已知一个有序线性表为 {9，21，33，37，51，54，64，70，99，122，137}，当使用二分查找算法查找值为 99 的元素时，查找成功的比较次数为________。

A. 1　　B. 2　　C. 3　　D. 4

二、填空题

1. 算法的复杂度包括__________和__________。

2. 执行算法所需要的存储空间指的是__________。

3. 在最坏的情况下，堆排序算法需要进行的比较次数为__________。

4. 比较相邻两个数据后，发现当数据的次序与排序要求不符合时，就将两个数据进行交换，称为__________排序。

5. 在最坏的情况下，快速排序算法需要进行的比较次数为__________。

6. 待排序列 {15，59，7，33，4，51，19，21}，采用快速排序算法，经过第一次排序后，15 被放到了第__________位。

7. 待排序列 {15，59，7，33，4，51，19，21}，采用希尔排序算法，经过第一次排序后，15 被放到了第__________位。

第 14 章答案

第 15 章

程序设计基础知识习题

一、选择题

1. 结构化程序设计主要强调的是________。

A. 程序的规模　　B. 程序的易读性　　C. 程序的执行效率　D. 程序的可移植性

2. 下列选项中，不属于结构化程序设计方法特点的是________。

A. 自顶向下　　B. 逐步求精　　C. 可复用　　D. 模块化

3. 结构化程序设计的 3 种基本控制结构是________。

A. 过程、子程序和分程序　　B. 调用、返回和转移

C. 顺序、选择和循环　　D. 递归、堆和队列

4. 下面描述中，符合结构化程序设计风格的是________。

A. 使用顺序、选择和循环 3 种基本控制结构表示程序的控制逻辑

B. 模块只有一个入口，可以有多个出口（可以有 0 个入口）

C. 注重提高程序的执行效率

D. 不使用 GOTO 语句（只是限制使用）

5. 下列选项中，不符合良好程序设计风格的是________。

A. 模块设计要保证高耦合高内聚　　B. 避免滥用 GOTO 语句

C. 源程序要文档化　　D. 数据说明的次序要规范化

6. 在结构化程序设计中，模块划分的原则是________。

A. 各模块应包括尽量多的功能　　B. 各模块的规模应尽量大

C. 各模块之间的联系应尽量紧密　　D. 模块之间需要高内聚低耦合

7. 对建立良好的程序设计风格，下列叙述正确的是________。

A. 程序应简单、清晰、可读性好　　B. 符号名的命名要符合语法

C. 充分考虑程序的执行效率　　D. 程序的注释可有可无

8. 在面向对象的方法中，一个对象请求另一个对象为其服务的方式是通过发送________。

A. 调用语句　　B. 命令　　C. 口令　　D. 消息

9. 信息隐蔽的概念与下述________概念直接相关。

A. 软件结构定义　　B. 模块独立性　　C. 模块类型划分　　D. 模块耦合度

10. 下面对对象概念描述错误的是________。

A. 任何对象都必须有继承性　　B. 对象属性和方法的封装体

C. 对象间的通信依靠消息传递　　D. 操作是对象的动态属性

11. 面向对象技术开发的应用系统的特点为________。

A. 运行速度更快　　B. 占用内存更小　　C. 维护更加复杂　　D. 重用性更强

12. 面向对象的设计方法与传统的面向过程方法有本质不同，它的基本原理是________。

A. 模拟现实世界中不同事物之间的联系

B. 强调模拟现实世界中的算法而不强调概念

C. 是用现实世界的概念抽象地思考问题从而自然地解决问题

D. 鼓励开发者在软件开发的绝大部分过程中都用实际领域的概念去思考

13. 在面向对象程序设计中，对象实现了数据和操作的结合，即对数据和数据的操作进行________。

A. 组合　　B. 隐藏　　C. 抽象　　D. 封装

14. 下列选项中，不属于面向对象程序设计的特征的是________。

A. 继承性　　B. 类比性　　C. 多态性　　D. 封装性

15. 下面概念中，不属于面向对象的方法的是________。

A. 对象　　B. 继承　　C. 类　　D. 过程调用

16. 一个对象收到消息时，要予以响应。不同的对象收到同一个消息可以产生完全不同的结果，这个现象称为对象的________。

A. 继承性　　B. 多态性　　C. 抽象性　　D. 封装性

17. 在面向对象程序设计中，从外面只能看到对象的外部特征，而不知道也无须知道数据的具体结构和操作方法，这称为对象的________。

A. 继承性　　B. 多态性　　C. 抽象性　　D. 封装性

18. 下列选项中，不属于面向对象程序设计原则的是________。

A. 抽象　　B. 模块化　　C. 自底向上　　D. 信息隐藏

二、填空题

1. 结构化程序设计的 3 种基本逻辑结构为顺序、选择和__________。

2. 结构化程序设计方法的主要原则可以概括为自顶向下、逐步求精、__________和限制使用 GOTO 语句。

3. 源程序文档化要求程序应加注释。注释一般分为序言性注释和__________。

4. 面向对象的模型中，最基本的概念是对象和__________。

5. 在面向对象方法中，信息隐蔽是通过对象的__________性来实现的。

6. 类是一个支持集成的抽象数据类型，而对象是类的__________。

7. 在面向对象的方法中，类之间共享属性和方法的机制称为__________。

8. 一个类可以从直接或间接的祖先中继承所有的属性和方法。采用这个方法提高了软件的__________。

第 15 章答案

第 16 章

软件工程基础知识习题

一、选择题

1. 软件工程是采用________的概念、原理、技术方法指导计算机程序设计的工程学科。

A. 体系结构　　B. 工程　　C. 测试工程　　D. 结构化设计

2. 下列过程中包含风险分析的软件工程模型的是________。

A. 螺旋模型　　B. 瀑布模型　　C. 增量模型　　D. 快速原型模型

3. 软件工程管理技术中的软件工程经济学主要研究的内容是________。

A. 软件开发的方法　　B. 软件开发技术和工具

C. 软件成本效益　　D. 计划、进度和预算

4. 在软件工程中，模块间内聚度越高，说明模块内各成分彼此结合的程序越________。

A. 松散　　B. 相等　　C. 无法判断　　D. 紧密

5. 结构化分析方法是面向________的自顶向下、逐步求精，进行需求分析的方法。

A. 对象　　B. 数据流　　C. 数据结构　　D. 目标

6. 在 E-R 图中，包含________基本成分。

A. 实体、联系、属性　　B. 控制、联系、对象

C. 数据、对象、实体　　D. 实体、属性、操作

7. 在软件工程的结构化分析中开发人员要从用户那里了解________。

A. 软件需要做什么　　B. 用户使用界面　　C. 输入的信息　　D. 软件的规模

8. 下列描述中正确的是________。

A. 软件工程只是解决软件项目的管理问题

B. 软件工程主要解决软件产品的生产率问题

C. 软件工程的主要思想是强调在软件开发过程中需要应用工程化原则

D. 软件工程只是解决软件开发中的技术问题

9. 在结构化分析方法中，建立数据模型采用的工具是________。

A. E-R 图　　B. 状态转换图　　C. 层次图　　D. 数据流图

10. 软件设计中，有利于提高模块独立性的一个准则是________。

A. 低内聚低耦合　B. 低内聚高耦合　C. 高内聚低耦合　D. 高内聚高耦合

11. 下列叙述中正确的是________。

A. 软件交付使用后还需要进行维护

B. 软件一旦交付使用就不需要再进行维护

C. 软件交付使用后其生命周期就结束

D. 软件维护是指修复程序中被破坏的指令

12. 使用白盒测试方法时，确定测试数据应根据________和指定的覆盖标准。

A. 程序的内部逻辑　B. 程序的复杂结构

C. 使用说明书　D. 程序的功能

13. 下列属于黑盒测试技术的是________。

A. 因果图法　B. 逻辑覆盖测试　C. 循环覆盖测试　D. 基本路径测试

14. 以下所述中，________是软件调试技术。

A. 错误推断　B. 集成测试　C. 回溯法　D. 边界值分析

15. 下列描述中正确的是________。

A. 软件测试的主要目的是发现程序中的错误

B. 软件测试的主要目的是确定程序中错误的位置

C. 为了提高软件测试的效率，最好由程序编制者自己来完成软件测试的工作

D. 软件测试是证明软件没有错误

16. 以下不属于软件工程原则的是________。

A. 抽象　B. 模块化　C. 自底向上　D. 信息隐藏

17. 软件调试的目的是________。

A. 改善软件的性能　B. 发现错误　C. 挖掘软件的潜能　D. 改正错误

18. 公司中有多个部门和多名职员，每个职员只能属于一个部门，一个部门可以有多名职员，在 E-R 图中职员与部门的联系类型是________。

A. 多对多　B. 一对一　C. 多对一　D. 一对多

19. 软件工程的结构化生命周期方法将软件生命周期划分成________。

A. 计划时期、开发时期、运行维护时期

B. 设计阶段、编程阶段、测试阶段

C. 总体设计、详细设计、编程调试

D. 需求分析、功能定义、系统设计

20. 下列选项中不属于软件生命周期开发阶段任务的是________。

A. 软件测试　B. 概要设计　C. 软件维护　D. 详细设计

21. 在软件生命周期中，能准确地确定软件系统必须做什么和必须具备哪些功能的阶段是________。

A. 详细设计　B. 概要设计　C. 可行性分析　D. 需求分析

22. 软件生命周期中得到软件“蓝图”的阶段是________。

A. 详细设计　B. 软件编码　C. 软件测试　D. 需求分析

23. 以下图符不属于数据流图合法图符的是________。

A. 源点和终点　B. 加工处理　C. 数据存储　D. 外部实体

24. 为了提高软件测试的效率，应该________。

A. 随机选取测试数据

B. 取一切可能的输入数据作为测试数据

C. 在完成编码以后制订软件的测试计划

D. 集中测试那些错误群集的程序

25. 结构化方法中，用数据流程图作为描述工具的软件开发阶段是________。

A. 需求分析　　B. 可行性分析　　C. 详细设计　　D. 程序编码

26. 以下________不属于软件工程的 3 个要素。

A. 工具　　B. 过程　　C. 方法　　D. 环境

27. 在软件工程中检查软件产品是否符合需求定义的过程称为________。

A. 确认测试　　B. 集成测试　　C. 验证测试　　D. 验收测试

28. PDL 的中文是________。

A. 高级程序设计语言　　B. 过程设计语言（伪代码）

C. 中级程序设计语言　　D. 低级程序设计语言

29. 在进行模块测试时，常用的测试方法是________。

A. 采用白盒测试，辅之以黑盒测试

B. 采用黑盒测试，辅之以白盒测试

C. 只使用白盒测试

D. 只使用黑盒测试

30. 详细设计的基本任务是确定每个模块的________。

A. 功能　　B. 调用关系　　C. 输入、输出数据　D. 实现算法和数据结构

31. 在结构化方法中，软件功能分解属于下列软件开发中的________阶段。

A. 详细设计　　B. 需求分析　　C. 概要设计　　D. 软件维护

32. 需求分析最终结果是产生________。

A. 项目开发计划　B. 需求规格说明书　C. 设计说明书　　D. 可行性分析报告

33. 需求分析阶段的任务是确定________。

A. 软件开发方法　B. 软件开发工具　C. 软件开发费用　D. 软件系统功能

34. 下列不属于白盒测试技术的是________。

A. 逻辑覆盖测试　B. 基本路径测试　C. 子系统测试　　D. 控制结构测试

35. 当用户需求不清，需求经常变化，且系统规模不是很大时，适合使用________进行软件开发。

A. 瀑布模型　　B. 快速原型模型　C. 增量模型　　D. 螺旋模型

二、填空题

1. __________是为了获得高质量软件所需要完成的一系列任务的框架，它规定了完成各项任务的工作步骤。

2. 在软件工程中诊断和改正程序中错误的工作通常称为__________。

3. 软件生命周期一般可分为__________、可行性研究、__________、概要设计、__________、编码、__________、运行与维护、消亡。

4. 我们把软件测试过程中使用到的测试数据称为__________。

5. 软件实现主要包括编码和测试两个方面，__________是保证软件质量的关键步骤，是对软件规格说明、设计和编码的最后复审。

6. 软件生命周期划分为计划、开发和维护 3 个阶段，编码和测试属于__________阶段。

7. 软件设计阶段被进一步细分为__________和__________两个阶段。

8. 软件工程研究的内容主要包括__________技术和软件工程管理技术。

9. 软件测试中的单元测试又称模块测试，测试时一般采用__________测试技术。

10. 软件需求规格说明书应具有完整性、无歧义性、正确性、可验证性、可修改性等特性，其中最重要的是__________。

11. 数据流图中的信息流分为__________和事务流。

12. 在结构化分析中，需要创建 3 个层次模型，其中，使用数据流图建立的是__________模型。

13. 软件的__________设计又称总体设计，其主要任务是建立软件系统的总体结构。

14. 耦合和内聚是评价软件中模块独立性的两个主要标准，其中__________反映了模块内各成分之间的联系。

15. 适用于项目在既定的商业要求期限之前不可能找到足够的开发人员的情况的软件开发模型是__________。

16. 常用的黑盒测试技术有__________、__________、__________和错误推测法 4 种。

17. 软件工程的结构化方法按软件生命周期划分，包括__________、__________、结构化实现 3 个阶段。

18. 瀑布模型是一种__________驱动的模型。

19. 软件调试的常用方法主要有__________、__________和原因排除法。

20. 概要设计过程由系统设计和结构设计两个阶段构成，选定一个最佳方案需要在__________阶段完成。

第 16 章答案

第 17 章

数据库技术基础知识习题

一、选择题

1. 数据库（DB）、数据库系统（DBS）、数据库管理系统（DBMS）之间的关系是________。

A. DB 包含 DBS 和 DBMS　　B. DBMS 包含 DB 和 DBS

C. DBS 包含 DB 和 DBMS　　D. 没有任何关系

2. 数据库系统中，存储在计算机内有组织、有结构的数据集合称为________。

A. 数据库　B. 数据模型　C. 数据库管理系统　D. 数据结构

3. 数据库系统的核心是________。

A. 数据库　B. 数据库管理系统　C. 数据模型　D. 软件工具

4. DBA 是以下________的简称。

A. 系统分析员　B. 应用程序员　C. 数据库管理员　D. 终端用户

5. DBA 是数据库系统的一个重要组成，有很多职责。以下选项中，不属于 DBA 职责的是________。

A. 定义数据库的存储结构和存储策略

B. 定义数据库的安全性和完整性约束条件

C. 定期对数据库进行重组和重构

D. 设计和编写应用系统的程序模块

6. 数据库设计的根本目标是要解决________。

A. 数据共享问题　　B. 数据安全问题

C. 大量数据存储问题　　D. 简化数据维护

7. 数据独立性是数据库技术的重要特点之一，所谓数据独立性是指________。

A. 数据与程序独立存放

B. 不同的数据被存放在不同的文件中

C. 不同的数据只能被对应的应用程序所使用

D. 以上说法都不正确

8. 下面描述中不属于数据库系统特点的是________。

A. 数据共享　B. 数据完整性　C. 数据冗余度高　D. 数据独立性高

9. 在数据库系统中，用户所见的数据模式为________。

A. 模式　B. 外模式　C. 内模式　D. 物理模式

10. 在数据库的三级模式中，模式有________个。

A. 1 个　B. 3 个　C. 5 个　D. 任意多个

11. 在关系数据库中，描述全局数据逻辑结构的是________。

A. 外模式　B. 模式　C. 内模式　D. 物理模式

12. 在 E-R 图中，用来表示实体型的图形是________。

A. 矩形框　B. 椭圆形框　C. 菱形框　D. 三角形框

13. 用二维表来表示实体及实体之间联系的数据模型称为________。

A. 关系模型　B. 层次模型　C. 网状模型　D. 实体-联系模型

14. 同一个关系模型的任意两个元组值________。

A. 必须完全相同　B. 可以完全相同　C. 不能完全相同　D. 以上都不正确

15. 在关系模型中的“元组”对应于________。

A. 表中的一列　B. 表中的一行　C. 表中的一个数据　D. 表中的一个成分

16. 关系中的________。

A. 属性名不能重复　B. 属性值不能重复

C. 属性先后顺序不能调整　D. 以上都不正确

17. 一个关系只有一个________。

A. 超码　B. 外键　C. 候选码　D. 主键

18. 在学生选课系统中有 3 张表，学生 S（学号，姓名，年龄），课程 C（课程号，课程名，学分），选课 SC（学号，课程号，成绩），则表 SC 中的主键为________。

A. 学号　B. 课程号

C. 学号，课程号　D. 学号，课程号，成绩

19. 将 E-R 图转换为关系模型时，实体和属性都可以表示为________。

A. 关系　B. 元组　C. 属性　D. 域

20. 以下不属于关系数据库完整性约束的是________。

A. 实体完整性　B. 属性完整性　C. 参照完整性　D. 用户定义完整性

21. 以下不属于专门的关系运算的是________。

A. 选择　B. 投影　C. 连接　D. 广义笛卡儿积

22. 下列关系运算中，________不要求关系 R 和 S 具有相同的属性个数。

A. $R \cup S$　B. $R \cap S$　C. $R-S$　D. $R \times S$

23. 有两个关系 R 和 S，如下图所示，通过下列________操作得到关系 T。

R

A	B	C
1	1	2
2	2	3

S

A	B	C
3	1	3

T

A	B	C
1	1	2
2	2	3
3	1	3

A. $T=R\cap S$　　B. $T=R\cup S$　　C. $T=R\times S$　　D. $T=R/S$

24. 有两个关系 R 和 S，如下图所示，通过下列________操作得到关系 T。

R

A
m
n

S

B	C
1	3

T

A	B	C
m	1	3
n	1	3

A. $T=R\cap S$　　B. $T=R\cup S$　　C. $T=R\times S$　　D. $T=R/S$

25. 如下图所示，有关系 R 通过运算得到关系 S，则所使用的运算为________。

R

A	B	C
a	1	2
b	3	4
c	5	6

S

A	B
a	1
b	3
c	5

A. 选择　　B. 投影　　C. 连接　　D. 除

26. 有两个关系 R 和 S，如下图所示，通过下列________操作得到关系 T。

R

A	B
a	1
b	2

S

A	B
a	3
b	4

T

A	B	C
a	1	3
b	2	4

A. 选择　　B. 投影　　C. 连接　　D. 自然连接

27. 设有如下图所示的关系 R，经运算 $\pi_{A,B}$（$\sigma_{A<'9'\wedge D>'5'}$（$R$））的结果是________。

关系R

A	B	C	D
1	2	3	4
5	6	7	8
9	9	8	1

A	B	C	D
5	6	7	8

A

A	B
5	6

B

A	B
1	3
5	6

C

A	B
5	8

D

28. 关系模型中的关系模式至少应是________。

A. 1NF　　B. 2NF　　C. 3NF　　D. BCNF

29. 第二范式是在第一范式的基础上消除了________。

A. 非主属性对主键的部分函数依赖

B. 非主属性对主键的传递函数依赖

C. 主属性对主键的部分函数依赖

D. 主属性对主键的传递函数依赖

30. 在数据库设计中，将 E-R 图转换成关系数据模型的过程属于________。

A. 需求分析阶段　　B. 概念结构设计阶段

C. 逻辑结构设计阶段　　D. 物理结构设计阶段

二、填空题

1. ________是存储在计算机内有组织的结构化的相关数据的集合。

2. 数据库技术发展过程经过人工管理、文件系统和数据库系统 3 个阶段，其中数据独立性最高的阶段是________。

3. 数据库系统一般由________、________、________和________构成。

4. 数据独立性一般分为________和________。

5. 数据库三级模式体系结构的划分，有利于保持数据的________。

6. 数据库系统的三级模式结构是指数据库系统是由________、________、________三级构成的。

7. 数据模型的 3 个组成要素是________、________和________。

8. 在 E-R 图中，用椭圆形框来表示________。

9. 实体之间的联系可抽象为 3 类，它们是________、________、________。

10. 一个仓库中可以存放多种零件，每种零件可以存放在不同的仓库中，则仓库和零件之间为________关系。

11. 如果一个关系中的属性或属性组并非该关系的关键字，但它是另一个关系的关键字，则称其为该关系的________。

12. 关系数据库有 3 类完整性约束，分别是________、________和________。其中，主键中的属性值不能为空是________完整性。

13. 关系的________运算是从行的角度进行的运算；关系的________运算是从列的角度进行的运算。

14. 在一个关系 R 中，若每个数据项都是不可再分割的，那么 R 一定属于________范式。

15. 数据库设计的 4 个阶段是________、________、________和________。

第 17 章答案

参考文献

[1] 杨文静，唐玮嘉，侯俊松. 大学计算机基础实验指导［M］. 北京：北京理工大学出版社，2019.

[2] 龚沛曾，杨志强. 大学计算机基础上机实验指导与测试［M］. 7 版. 北京：高等教育出版社，2017.

[3] 教育部考试中心. 全国计算机等级考试二级教程：MS Office 高级应用上机指导［M］. 北京：高等教育出版社，2019.

[4] 李冬梅，张琪. 数据结构习题解析与实验指导［M］. 北京：人民邮电出版社，2017.

[5] 邢国波，杨朝晖，郭庆. Java 面向对象程序设计［M］. 北京：清华大学出版社，2019.

[6] 耿国华. 算法设计与分析［M］. 2 版. 北京：高等教育出版社，2020.

[7] 陈慧. 计算机组成原理［M］. 北京：北京理工大学出版社，2017.